U0379993

国家职业资格培训教材
技能型人才培训用书

金属材料及热处理知识

第 2 版

国家职业资格培训教材编审委员会　组编

姜敏凤　主编

机械工业出版社

本书是依据《国家职业技能标准》中的部分职业对金属材料及热处理基本知识的要求，按照满足岗位培训需要的原则编写的。本书的主要内容包括：金属材料的性能、金属的晶体结构与结晶、铁碳合金相图、钢的热处理、非合金钢（碳素钢）、低合金钢与合金钢、铸铁、非铁金属（有色金属）、其他常用工程材料。本书每章章首均配有培训学习目标，章末均配有复习思考题，书末附有试题库及答案，以便于培训、教学和读者自查自测。

本书既可作为企业培训部门和各级职业技能鉴定培训机构的培训教材，又可作为读者考前复习用书，还可作为职业技术院校、技工学校的专业基础课教材。

图书在版编目（CIP）数据

金属材料及热处理知识/姜敏凤主编；国家职业资格培训教材编审委员会组编. —2 版. —北京：机械工业出版社，2015.4(2019.7 重印)
国家职业资格培训教材　技能型人才培训用书
ISBN 978-7-111-49355-6

Ⅰ.①金… Ⅱ.①姜…②国… Ⅲ.①金属材料—技术培训—教材②热处理—技术培训—教材 Ⅳ.①TG14②TG15

中国版本图书馆 CIP 数据核字（2015）第 028821 号

机械工业出版社（北京市百万庄大街 22 号　邮政编码 100037）
策划编辑：王华庆　责任编辑：王华庆
版式设计：常天培　责任校对：张　征
封面设计：路恩中　责任印制：李　昂
北京机工印刷厂印刷
2019 年 7 月第 2 版第 2 次印刷
169mm×239mm · 13 印张 · 250 千字
3 001—4 500 册
标准书号：ISBN 978-7-111-49355-6
定价：25.00 元

国家职业资格培训教材（第2版）

编 审 委 员 会

第2版 序

在"十五"末期，为贯彻落实"全国职业教育工作会议"和"全国再就业会议"精神，加快培养一大批高素质的技能型人才，机械工业出版社精心策划了与原劳动和社会保障部《国家职业标准》配套的"国家职业资格培训教材"。这套教材涵盖41个职业工种，共172种，有十几个省、自治区、直辖市相关行业的200多名工程技术人员、教师、技师和高级技师等从事技能培训和鉴定的专家参加编写。教材出版后，以其兼顾岗位培训和鉴定培训需要，理论、技能、题库合一，便于自检自测的特点，受到全国各级培训、鉴定部门和广大技术工人的欢迎，基本满足了培训、鉴定和读者自学的需要，在"十一五"期间为培养技能人才发挥了重要作用，本套教材也因此成为国家职业资格鉴定考证培训及企业员工培训的品牌教材。

2010年，《国家中长期人才发展规划纲要（2010—2020年）》《国家中长期教育改革和发展规划纲要（2010—2020年）》《关于加强职业培训促就业的意见》相继颁布和出台，2012年1月，国务院批转了七部委联合制定的《促进就业规划（2011—2015年）》，在这些规划和意见中，都重点阐述了加大职业技能培训力度、加快技能人才培养的重要意义，以及相应的配套政策和措施。为适应这一新形势，同时也鉴于第1版教材所涉及的许多知识、技术、工艺、标准等已发生了变化的实际情况，我们经过深入调研，并在充分听取了广大读者和业界专家意见的基础上，决定对已经出版的"国家职业资格培训教材"进行修订。本次修订，仍以原有的大部分作者为班底，并保持原有的"以技能为主线，理论、技能、题库合一"的编写模式，重点在以下几个方面进行了改进：

1. 新增紧缺职业工种——为满足社会需求，又开发了一批近几年比较紧缺的以及新增的职业工种教材，使本套教材覆盖的职业工种更加广泛。

2. 紧跟国家职业标准——按照最新颁布的《国家职业技能标准》（或《国家职业标准》）规定的工作内容和技能要求重新整合、补充和完善内容，涵盖职业标准中所要求的知识点和技能点。

3. 提炼重点知识技能——在内容的选择上，以"够用"为原则，提炼出应重点掌握的必需专业知识和技能，删减了不必要的理论知识，使内容更加精练。

4. 补充更新技术内容——紧密结合最新技术发展，删除了陈旧过时的内容，补充了新的技术内容。

5. 同步最新技术标准——对原教材中按旧技术标准编写的内容进行更新，所有内容均与最新的技术标准同步。

6. 精选技能鉴定题库——按鉴定要求精选了职业技能鉴定试题，试题贴近教材、贴近国家试题库的考点，更具典型性、代表性、通用性和实用性。

7. 配备免费电子教案——为方便培训教学，我们为本套教材开发配备了配套的电子教案，免费赠送给选用本套教材的机构和教师。

8. 配备操作实景光盘——根据读者需要，部分教材配备了操作实景光盘。

一言概之，经过精心修订，第2版教材在保留了第1版精华的同时，内容更加精练、可靠、实用，针对性更强，更能满足社会需求和读者需要。全套教材既可作为各级职业技能鉴定培训机构、企业培训部门的考前培训教材，又可作为读者考前复习和自测使用的复习用书，也可供职业技能鉴定部门在鉴定命题时参考，还可作为职业技术院校、技工院校、各种短训班的专业课教材。

在本套教材的调研、策划、编写过程中，得到了许多企业、鉴定培训机构有关领导、专家的大力支持和帮助，在此表示衷心的感谢！

虽然我们已经尽了最大努力，但是教材中仍难免存在不足之处，恳请专家和广大读者批评指正。

国家职业资格培训教材第2版编审委员会

第1版 序一

当前和今后一个时期，是我国全面建设小康社会、开创中国特色社会主义事业新局面的重要战略机遇期。建设小康社会需要科技创新，离不开技能人才。"全国人才工作会议"、"全国职教工作会议"都强调要把"提高技术工人素质、培养高技能人才"作为重要任务来抓。当今世界，谁掌握了先进的科学技术并拥有大量技术娴熟、手艺高超的技能人才，谁就能生产出高质量的产品，创出自己的名牌；谁就能在激烈的市场竞争中立于不败之地。我国有近一亿技术工人，他们是社会物质财富的直接创造者。技术工人的劳动，是科技成果转化为生产力的关键环节，是经济发展的重要基础。

科学技术是财富，操作技能也是财富，而且是重要的财富。中华全国总工会始终把提高劳动者素质作为一项重要任务，在职工中开展的"当好主力军，建功'十一五'，和谐奔小康"竞赛中，全国各级工会特别是各级工会职工技协组织注重加强职工技能开发，实施群众性经济技术创新工程，坚持从行业和企业实际出发，广泛开展岗位练兵、技术比赛、技术革新、技术协作等活动，不断提高职工的技术技能和操作水平，涌现出一大批掌握高超技能的能工巧匠。他们以自己的勤劳和智慧，在推动企业技术进步，促进产品更新换代和升级中发挥了积极的作用。

欣闻机械工业出版社配合新的《国家职业标准》为技术工人编写了这套涵盖41个职业的172种"国家职业资格培训教材"。这套教材由全国各地技能培训和考评专家编写，具有权威性和代表性；将理论与技能有机结合，并紧紧围绕《国家职业标准》的知识点和技能鉴定点编写，实用性、针对性强，既有必备的理论和技能知识，又有考核鉴定的理论和技能题库及答案，编排科学，便于培训和检测。

这套教材的出版非常及时，为培养技能型人才做了一件大好事，我相信这套教材一定会为我们培养更多更好的高技能人才做出贡献！

（李永安　中国职工技术协会常务副会长）

第1版 序二

为贯彻"全国职业教育工作会议"和"全国再就业会议"精神，全面推进技能振兴计划和高技能人才培养工程，加快培养一大批高素质的技能型人才，我们精心策划了这套与劳动和社会保障部最新颁布的《国家职业标准》配套的"国家职业资格培训教材"。

进入 21 世纪，我国制造业在世界上所占的比重越来越大，随着我国逐渐成为"世界制造业中心"进程的加快，制造业的主力军——技能人才，尤其是高级技能人才的严重缺乏已成为制约我国制造业快速发展的瓶颈，高级蓝领出现断层的消息屡屡见诸报端。据统计，我国技术工人中高级以上技工只占 3.5%，与发达国家 40% 的比例相去甚远。为此，国务院先后召开了"全国职业教育工作会议"和"全国再就业会议"，提出了"三年 50 万新技师的培养计划"，强调各地、各行业、各企业、各职业院校等要大力开展职业技术培训，以培训促就业，全面提高技术工人的素质。

技术工人密集的机械行业历来高度重视技术工人的职业技能培训工作，尤其是技术工人培训教材的基础建设工作，并在几十年的实践中积累了丰富的教材建设经验。作为机械行业的专业出版社，机械工业出版社在"七五""八五""九五"期间，先后组织编写出版了"机械工人技术理论培训教材"149 种，"机械工人操作技能培训教材"85 种，"机械工人职业技能培训教材"66 种，"机械工业技师考评培训教材"22 种，以及配套的习题集、试题库和各种辅导性教材约800 种，基本满足了机械行业技术工人培训的需要。这些教材以其针对性、实用性强，覆盖面广，层次齐备，成龙配套等特点，受到全国各级培训、鉴定和考工部门和技术工人的欢迎。

2000 年以来，我国相继颁布了《中华人民共和国职业分类大典》和新的《国家职业标准》，其中对我国职业技术工人的工种、等级、职业的活动范围、工作内容、技能要求和知识水平等根据实际需要进行了重新界定，将国家职业资格分为 5 个等级：初级（5 级）、中级（4 级）、高级（3 级）、技师（2 级）、高级技师（1 级）。为与新的《国家职业标准》配套，更好地满足当前各级职业培训和技术工人考工取证的需要，我们精心策划编写了这套《国家职业资格培训教材》。

这套教材是依据劳动和社会保障部最新颁布的《国家职业标准》编写的，

为满足各级培训考工部门和广大读者的需要，这次共编写了 41 个职业的 172 种教材。在职业选择上，除机电行业通用职业外，还选择了建筑、汽车、家电等其他相近行业的热门职业。每个职业按《国家职业标准》规定的工作内容和技能要求编写初级、中级、高级、技师（含高级技师）四本教材，各等级合理衔接、步步提升，为高技能人才培养搭建了科学的阶梯型培训架构。为满足实际培训的需要，对多工种共同需求的基础知识我们还分别编写了《机械制图》《机械基础》《电工常识》《电工基础》《建筑装饰识图》等近 20 种公共基础教材。

在编写原则上，依据《国家职业标准》又不拘泥于《国家职业标准》是我们这套教材的创新。为满足沿海制造业发达地区对技能人才细分市场的需要，我们对模具、制冷、电梯等社会需求量大又已单独培训和考核的职业，从相应的职业标准中剥离出来单独编写了针对性较强的培训教材。

为满足培训、鉴定、考工和读者自学的需要，在编写时我们考虑了教材的配套性。教材的章首有培训要点、章末配复习思考题，书末有与之配套的试题库和答案，以及便于自检自测的理论和技能模拟试卷，同时还根据需求为 20 多种教材配制了 VCD 光盘。

为扩大教材的覆盖面和体现教材的权威性，我们组织了上海、江苏、广东、广西、北京、山东、吉林、河北、四川、内蒙古等地相关行业从事技能培训和考工的 200 多名专家、工程技术人员、教师、技师和高级技师参加编写。

这套教材在编写过程中力求突出"新"字，做到"知识新、工艺新、技术新、设备新、标准新"；增强实用性，重在教会读者掌握必需的专业知识和技能，是企业培训部门、各级职业技能鉴定培训机构、再就业和农民工培训机构的理想教材，也可作为技工学校、职业高中、各种短训班的专业课教材。

在这套教材的调研、策划、编写过程中，曾经得到广东省职业技能鉴定中心、上海市职业技能鉴定中心、江苏省机械工业联合会、中国第一汽车集团公司以及北京、上海、广东、广西、江苏、山东、河北、内蒙古等地许多企业和技工学校的有关领导、专家、工程技术人员、教师、技师和高级技师的大力支持和帮助，在此谨向为本套教材的策划、编写和出版付出艰辛劳动的全体人员表示衷心的感谢！

教材中难免存在不足之处，诚恳希望从事职业教育的专家和广大读者不吝赐教，批评指正。我们真诚希望与您携手，共同打造职业培训教材的精品。

国家职业资格培训教材编审委员会

前　言

本书第 1 版自 2005 年出版以来，已重印多次，得到了广大读者的认可与好评。近几年金属材料及热处理技术得到了快速发展，新工艺、新材料、新知识不断涌现，相关的国家职业技能标准和国家技术标准也已颁布实施。因此，我们对本书第 1 版进行了修订，以使其能更好地满足读者的需求。

本书依据最新颁布的《国家职业技能标准》，以材料牌号、性能、应用为主线，将金属材料的性能、金属的晶体结构与结晶、铁碳合金相图、钢的热处理、非合金钢、低合金钢与合金钢、铸铁、非铁金属、其他常用工程材料等知识有序展开，重点突出常用金属材料及其应用，注意对新材料、新工艺、新技术的引入，书中的名词术语、材料的分类与牌号及其他相关的标准均采用最新的国家技术标准。本书在重点介绍传统金属材料及热处理知识的基础上，对内容也做了相应的拓展，增加了材料的表面处理技术、复合材料等其他新材料和新工艺等知识。

本书由无锡职业技术学院姜敏凤主编，徐年宝、董芳参加编写。其中，姜敏凤编写了第一、二、三、五、六、九章以及试题库和答案，并负责全书的统稿工作，徐年宝编写了第四章，董芳编写了第七、八章。

本书承蒙无锡职业技术学院周陆飞任主审，对本书的大纲、内容、插图等提出了许多建设性意见，在此谨表示衷心的感谢！在本书的编写过程中，我们参考并引用了相关文献资料，在此一并向这些文献资料的作者致以衷心的感谢。

由于编者水平有限，书中难免有谬误和欠妥之处，敬请广大读者批评指正。

编　者

目　　录

第 一 章

金属材料的性能

培训学习目标　掌握金属材料的力学性能；熟悉金属材料的工艺性能；了解金属材料的物理性能、化学性能。

金属材料的性能包括使用性能和工艺性能。使用性能是指保证零件的正常工作应具备的性能，即在使用过程中表现出的性能，如力学性能、物理性能和化学性能等。工艺性能是指材料在被加工过程中，适应各种冷热加工的性能，如热处理性能、铸造性能、可锻性能、焊接性能和切削加工性能等。

◇◇◇ 第一节　金属材料的力学性能

金属材料的力学性能是指在力的作用下所显示的与弹性和非弹性反应相关或涉及应力-应变关系的性能，通俗地讲是指材料抵抗外力引起的变形和破坏的能力。金属材料的力学性能主要有强度、塑性、硬度、韧性、疲劳极限等。力学性能不仅是机械零件设计、选材、验收、鉴定的主要依据，还是对产品加工过程实行质量控制的重要参数。故熟悉金属材料的力学性能具有重要意义。

1. 载荷

零件和工具在使用过程中所受的力按作用方式的不同，可分为拉伸、压缩、弯曲、剪切、扭转等。这种力又称为载荷。载荷分为静载荷与动载荷。

（1）静载荷　力的大小和方向不变或变化缓慢的载荷，如静拉力、静压力等。

（2）动载荷　力的大小或方向随时间发生改变的载荷，如冲击载荷、交变载荷等。

2. 应力

物体受外力作用后而产生的内部之间的相互作用力称为内力。单位面积上的

内力称为应力。应力的计算公式为

$$\sigma = \frac{F}{S}$$

式中　σ——应力（MPa）；

F——内力（N）；

S——横截面积（mm²）。

3. 变形

金属在外力的作用下尺寸和形状的变化称为变形。按去除外力后变形是否能完全恢复的情况，将其分为弹性变形和塑性变形。

（1）弹性变形　去除外力后，物体的变形能完全恢复原状。

（2）塑性变形　去除外力后，物体的变形不能完全恢复，而产生永久变形。

一、强度

材料在力的作用下抵抗永久变形和断裂的能力称为强度。金属材料的强度按受力类型，分为抗拉强度、抗压强度、抗弯强度、抗剪强度等。在机械制造中常通过拉伸试验测定材料的屈服强度和抗拉强度，作为金属材料强度的主要判据。

1. 拉伸试样

按国家标准，拉伸试样的形状与尺寸取决于被测试金属产品的形状和尺寸，试样的横截面可以为圆形、矩形、多边形、环形等。其中常用的圆形拉伸试样如图1-1所示。图1-1中试样的原始标距长度（L_0）与原始直径（d_0）一般应符合一定的比例关系，国际上常用的是 $L_0/d_0 = 5$（短试样），原始标距长度不小于15mm。当试样横截面积太小时，可采用 $L_0/d_0 = 10$（长试样），或采用非比例试样。

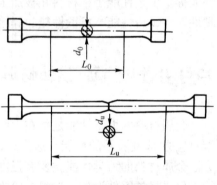

图1-1　圆形拉伸试样

2. 拉伸曲线

拉伸试验中记录的拉伸力 F 与伸长量 ΔL（某一拉伸力时试样的标距长度与原始标距长度的差，$\Delta L = L_u - L_0$）的关系曲线称为拉伸曲线，如图1-2所示。

图1-2a所示为低碳钢的拉伸曲线，拉伸过程分为以下几个阶段：

1）Oe 为弹性变形阶段，试样的伸长量与拉伸力成正比，若此时卸去载荷，试样能恢复原状。

2）e 点以后，开始塑性变形，到达 s 点后出现水平或锯齿形线段，这种现象称为屈服。此时拉伸力不变或略有变化，而试样继续伸长变形。

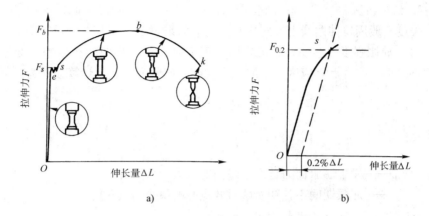

a)   b)

图 1-2 　拉伸曲线

a) 低碳钢拉伸曲线　b) 铸铁拉伸曲线

3）随后为强化阶段，拉伸力随着伸长量的增加而增加，试样产生均匀的塑性变形，并出现了强化。

4）b 点为试样能承受的最大载荷，此时试样局部横截面缩小，出现缩颈现象，变形主要集中在缩颈处，直至试样被拉断。

工程上使用的多数材料拉伸时没有明显的屈服现象，而有些脆性材料不仅没有屈服现象，也不产生缩颈，如图 1-2b 所示的铸铁的拉伸曲线。

按 GB/T 228.1—2010 金属材料室温拉伸试验方法，材料的强度和塑性可通过拉伸试验来测定。金属材料强度与塑性的新旧标准名称和符号对照见表 1-1。

表 1-1 　金属材料强度与塑性的新旧标准名称和符号对照

GB/T 228.1—2010 新标准		GB/T 228—1987 旧标准	
名称	符号	名称	符号
断面收缩率	Z	断面收缩率	φ
断后伸长率[①]	A	断后伸长率	δ_5 δ_{10}
屈服强度	—	屈服点	σ_s
上屈服强度	R_{eH}	上屈服点	σ_{sU}
下屈服强度	R_{eL}	下屈服点	σ_{sL}
规定残余延伸强度	R_r（如 $R_{r0.2}$）	规定残余伸长应力	σ_r（如 $\sigma_{r0.2}$）
抗拉强度	R_m	抗拉强度	σ_b

① 对于比例试样，若原始标距不为 $5.65\sqrt{S_0}$（S_0 为平行长度的原始横截面积），符号 A 应附以下脚注说明所使用的比例系数，如 $A_{11.3}$ 表示原始标距为 $11.3\sqrt{S_0}$ 的断后伸长率。对于非比例试样，符号 A 应附以下脚注说明所使用的原始标距，以毫米（mm）表示，如 A_{80mm} 表示原始标距为 80mm 的断后伸长率。

3. 强度判据

强度一般用拉伸曲线上所对应某点的应力来表示。

（1）屈服强度 金属材料出现屈服现象时，在试验期间产生塑性变形而拉伸力不增加的应力点。应区分上屈服强度和下屈服强度。其计算公式为

$$R_{eH} = \frac{F_{eH}}{S_0}$$

$$R_{eL} = \frac{F_{eL}}{S_0}$$

式中 F_{eH}——发生屈服而力首次下降前的最大力（N）；

　　　F_{eL}——屈服期间不计初始瞬时效应时的最小力（N）；

　　　S_0——试样原始横截面积（mm^2）。

高碳钢、铸铁等材料拉伸时，不产生明显屈服现象，可用规定残余延伸强度 R_r 表示，如 $R_{r0.2}$ 表示规定残余伸长率达 0.2% 时的强度值，如图 1-2b 所示。

（2）抗拉强度（R_m） 拉伸试验时，相应最大拉伸力时的应力，也表示材料能够承受的最大应力值。其计算公式为

$$R_m = \frac{F_m}{S_0}$$

式中 F_m——最大拉伸力（N）；

　　　S_0——试样原始横截面积（mm^2）。

屈服强度和抗拉强度均是金属材料的重要性能判据，但由于一般机械零件或工具使用时，所受应力要求小于屈服强度，若超过屈服强度，则会引起明显塑性变形，导致零件或工具失效，因此屈服强度是选材与设计的主要依据。若零件或工具所受应力大于抗拉强度，则会发生断裂而造成事故。

工程上把屈服强度与抗拉强度的比值称为屈强比。其值越高，则强度的利用率越高，一般材料的屈强比以 0.75 为宜。

二、塑性

塑性是金属在外力作用下能稳定地改变自身的形状和尺寸，而各质点间的联系不被破坏的性能。塑性也可通过拉伸试验测定。

1. 断后伸长率（A）

断后标距的残余伸长量（$L_u - L_0$）与原始标距长度（L_0）之比的百分数称为断后伸长率。其计算公式为

$$A = \frac{L_u - L_0}{L_0} \times 100\%$$

式中 L_0——试样原始标距长度（mm）；

L_u——试样拉断后的标距长度（mm）。

2. 断面收缩率（Z）

试样拉断后横截面积的最大缩减量（$S_0 - S_u$）与试样原始横截面积（A_0）的百分比，即为断面收缩率。其计算公式为

$$Z = \frac{S_0 - S_u}{S_0} \times 100\%$$

式中　S_0——试样原始横截面积（mm^2）；

$\quad\quad S_u$——试样断口横截面积（mm^2）。

断后伸长率和断面收缩率的数值越大，表明材料的塑性越好。材料的塑性是决定其能否进行塑性加工的必要条件。塑性良好的金属可进行各种塑性加工，同时使用安全性也较好。

通过观察拉伸试样的断口形貌也能判断金属材料塑性的好坏。金属材料典型的断口可分为脆性断口和韧性断口。塑性差的材料的断口为脆性断口，呈瓷状或晶状，变形量小，断面平整，有金属光泽，无缩颈；塑性良好的材料的断口为韧性断口，呈杯锥状或纤维状撕裂，缩颈明显，断口无光泽。

例　某厂购进一批 45 钢，按规定，力学性能应符合如下要求：$R_{eL} \geqslant$ 355MPa，$R_m \geqslant 600$MPa，$A \geqslant 16\%$，$Z \geqslant 40\%$。入厂检验时采用 $d_0 = 10$mm，$L_0 = 50$mm 的试样进行拉伸试验，测得 $F_{eL} = 28\,900$N，$F_m = 47\,530$N，$L_u = 60.5$mm，$d_u = 7.5$mm，试列式计算其强度和塑性，并回答这批钢材是否符合要求。

解　已知：试样 $d_0 = 10$mm，$L_0 = 50$mm；又知 $F_m = 47\,530$N，$L_u = 60.5$mm，$d_u = 7.5$mm。

（1）求 S_0 和 S_u

$$S_0 = \frac{\pi d_0^2}{4} \approx \frac{3.14 \times (10\text{mm})^2}{4} \approx 78.5\text{mm}^2$$

$$S_u = \frac{\pi d_u^2}{4} \approx \frac{3.14 \times (7.5\text{mm})^2}{4} \approx 44.16\text{mm}^2$$

（2）求断面收缩率 Z 和断后伸长率 A

$$Z = \frac{S_0 - S_u}{S_0} \times 100\% = \frac{78.5\text{mm}^2 - 44.16\text{mm}^2}{78.5\text{mm}^2} \times 100\% = 43.75\%$$

$$A = \frac{(L_u - L_0)}{L_0} \times 100\% = \frac{60.5\text{mm} - 50\text{mm}}{50\text{mm}} \times 100\% = 21\%$$

（3）求曲服强度 R_{eL}、抗拉强度 R_m

$$R_{eL} = \frac{F_{eL}}{S_0} = \frac{28\,900\text{N}}{78.5\text{mm}^2} = 368.2\text{MPa}$$

$$R_m = \frac{F_m}{S_0} = \frac{47\,530N}{78.5mm^2} = 605.48MPa$$

答 实验测得 45 钢的屈服强度、抗拉强度、断后伸长率、断面收缩率均大于规定的要求,所以这批钢材合格。

三、硬度

材料抵抗局部变形,特别是塑性变形、压痕或划痕的能力称为硬度。用于机械加工的各种工具(刀具、量具、模具)都应具备足够的硬度。某些机械零件(如齿轮、轴等)也应有一定的硬度。

生产中常用压入法测量硬度。其方法是将一定几何形状的压头,在一定的压力作用下,压入材料的表面,根据压入的程度来测量硬度值。压入法测量硬度常用的方法有布氏硬度法、洛氏硬度法、维氏硬度法,如图 1-3 所示。

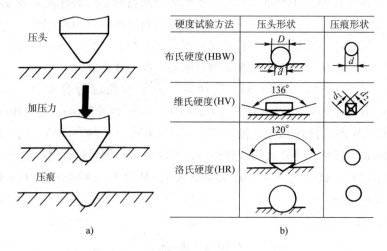

图 1-3 压入法测量硬度

a)压入法测量示意图 b)三种常用硬度测量法

1. 布氏硬度 (HBW)

布氏硬度是采用直径为 D 的硬质合金球,以相应的试验力 F 压入试样表面(见图 1-4a),经保持规定时间后卸除试验力,用读数显微镜测量残余压痕平均直径 d(见图 1-4b),用球冠形压痕单位表面积上所受的压力表示硬度值。实际测量可通过测出 d 值后查表获得硬度值。

布氏硬度用符号 HBW 表示,如 500HBW 表示用硬质合金压头测得的布氏硬度值为 500。

采用布氏硬度测量,由于残余压痕面积较大,能较真实地反映材料的平均硬度,测量数据稳定,因此可用于测量组织粗大或组织不均匀的材料(如铸铁)。

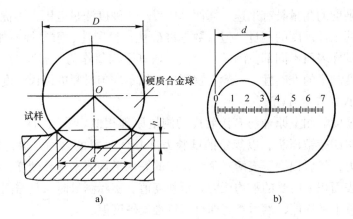

图 1-4　布氏硬度测量原理

a）压头压入材料表面　b）读数显微镜测量压痕直径

测量时，材料的硬度值必须小于650HBW。布氏硬度与抗拉强度之间存在一定的关系，故可根据其值大小估计材料的强度。布氏硬度测量压痕大，不宜测量成品或薄片金属的硬度，主要用于原材料或半成品的硬度测量，如测量铸铁、非铁金属（有色金属）、硬度较低的钢（如退火、正火、调质处理的钢）。

2. 洛氏硬度（HR）

测量洛氏硬度时用金刚石圆锥或硬质合金球作压头，在初始试验力和主试验力的作用下，将压头压入材料表面，保持规定时间后，去除主试验力，保持初始试验力，用残余压入深度计算硬度值。实际测量时，可通过试验机的表盘直接读出洛氏硬度的数值。

洛氏硬度可以测量从软到硬较大范围的硬度值。根据被测对象的不同，可用不同的压头和试验力，有 HRA、HRB、HRC 等多种测量条件。常用洛氏硬度的试验条件、硬度范围和应用举例见表1-2。

表1-2　常用洛氏硬度的试验条件、硬度范围和应用举例

硬度符号	压头类型	总试验力 F/N	硬度范围	应用举例
HRA	120°金刚石圆锥	588.4	20～88	硬质合金、碳化物、浅层表面硬化钢等
HRB	ϕ1.588mm 硬质合金球	980.7	20～100	退火、正火钢，铝合金、铜合金、铸铁
HRC	120°金刚石圆锥	1 471	20～70	淬火钢、调质钢、深层表面硬化钢

洛氏硬度的测量具有迅速、简便、压痕小、硬度测量范围大等优点，可用于成品或较薄工件硬度的测量。但其数据准确性、稳定性、重复性不如布氏硬度，通常需在试样表面不同部位测试三个点，取其平均值作为该材料的洛氏硬度值。为确保硬度测量的准确性，一般不宜测量组织不均匀材料的洛氏硬度。

3. 维氏硬度（HV）

维氏硬度的测量原理与布氏硬度的测量原理相似。采用相对面夹角为136°的金刚石正四棱锥压头，以规定的试验力 F 压入材料的表面，保持规定时间后卸除试验力，然后根据压痕两对角线长度的算术平均值来计算硬度，用正四棱锥压痕单位表面积上所受的平均压力表示硬度值。实际测量时，只需测出压痕对角线长度的算术平均值，然后查表即可获得维氏硬度值。

维氏硬度的试验力可根据试样大小、厚薄、硬度等情况进行选择。其试验力 F 的取值范围为 49.03 ~ 980.7N，测量范围大，因此可以测量从软到硬的各种金属材料（可测量硬度为 10 ~ 1 000HV 的材料），而且测量的硬度值具有连续性。维氏硬度测量压痕小，可测量较薄的材料和渗碳、渗氮等表面硬化层。

综上所述，硬度测量具有简便、快捷，不破坏试样（非破坏性试验），能综合反映材料的其他力学性能，如根据硬度值可以估算出强度，在一定范围内，金属的硬度提高，强度也相应增加（具体可查金属的强度与硬度换算表），同时硬度与耐磨性也具有直接关系，硬度越高，耐磨性越好。所以，硬度测量应用极为广泛，常把硬度标注在图样上，作为工件检验、验收的主要依据。几种材料的硬度值见表1-3。

表1-3　几种材料的硬度值

材料	中碳结构钢	碳素工具钢	灰铸铁	硬铝合金	黄铜
状态	热轧	淬火	铸态	硬化	硬化态
硬度	170 ~ 255HBW	>62HRC	100 ~ 250HBW	100 ~ 130HBW	140 ~ 160HBW

需要特别指出的是，上述各种硬度测量法，相互之间没有理论换算关系，故测量结果不能直接进行比较，应查阅硬度换算表进行比较，但可以粗略地根据以下经验公式进行换算：

1）硬度为 200 ~ 600HBW 时，1HRC 相当于 10HBW。

2）硬度小于 450HBW 时，1HBW 相当于 1HV。

四、韧性

韧性是指金属在断裂前吸收变形能量的能力，即抵抗冲击破坏的能力。韧性的主要判据是冲击吸收能量。冲击吸收能量越大，材料承受冲击的能力越强。

1. 冲击吸收能量（K）

冲击吸收能量可通过一次摆锤冲击试验来测量。按 GB/T 229—2007《金属材料　夏比摆锤冲击试验方法》规定，冲击试样的横截面尺寸为 10mm×10mm，长度为 55mm，试样的中部开有 V 型或 U 型缺口，如图 1-5 所示。

试验时将冲击试样置于试验机的支架上，使其开口背向摆锤的冲击方向，并将质量为 m 的摆锤举至规定的高度 H，然后让摆锤自由落下冲断试样，摆锤冲断试样后又升至高度 h。试样在一次冲击试验力作用下，断裂时所吸收的能量称为冲击吸收能量，用 KV（或 KU）表示，单位为 J。试验时，冲击吸收能量可直接在试验机上读数。

$$KV(\text{或 } KU) = mgH - mgh = mg(H - h)$$

KV（或 KU）值对材料的内部组织、缺陷具有比较大的敏感性，同时受温度的影响很大。在选材和设计时，冲击吸收能量一般仅作为参考的依据。

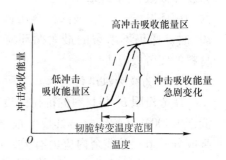

图 1-5　摆锤式冲击试验原理

2. 韧脆转变温度

一般金属材料的冲击吸收能量随温度的下降而降低，即在高温下表现出较好的韧性，而在低温下则显得较脆，如图 1-6 所示。冲击吸收能量随温度的降低而减小。韧脆转变温度是指冲击吸收能量急剧变化区所对应的温度范围。

材料的韧脆转变温度越低，其低温冲击韧度越好。韧脆转变温度低的材料可以在高寒地区使用，而韧脆转变温度较高的材料在冬季易出现脆性断裂。

图 1-6　韧脆转变温度示意图

3. 小能量多次冲击试验的概念

实际使用的机械零件，很少因一次大能量冲击而遭破坏，绝大多数是在小能量多次冲击载荷的作用下工作，如冷冲模的冲头、锻压机的锤杆、柴油机曲轴等。实践证明，诸如此类零件的使用寿命并非完全取决于冲击韧度。

试验发现，在小能量多次冲击载荷作用下，材料的使用寿命主要决定于材料的强度。例如，大功率柴油机曲轴采用球墨铸铁制成，它的冲击韧度并不高，但使用中并未发生断裂。

五、疲劳

1. 疲劳现象

在循环应力和交变应力的作用下，尽管零件所受的应力低于屈服强度，但是经过较长时间的工作后，在一处或几处产生局部永久性累积损伤，经一定循环次数后产生裂纹或突然发生完全断裂，这种现象称为疲劳。疲劳破坏是机械零件失效的主要原因之一。机械零件的失效有 60% ~ 70% 属于疲劳破坏。

疲劳断裂是由于零件中存在缺陷，如裂纹、夹杂、刀痕等疲劳源，在循环应力作用下疲劳源处产生疲劳裂纹，这种疲劳裂纹不断扩展，减小了零件的有效承载面积，最后当截面减小至不能承受外力时，零件即发生突然断裂。

无论在静态力下显示为韧性材料还是脆性材料，在疲劳断裂时，事先都不会产生明显塑性变形的预兆，因此疲劳断裂具有很大的危险性。

2. 疲劳极限（σ_D）

图 1-7 为钢铁材料的疲劳曲线示意图。由图 1-7 可见，循环应力越小，断裂时的循环次数越大，当循环应力低于某一值时，试样可经受无限次的循环而不破坏，此应力称为疲劳极限，用 σ_D 表示。由于不可能做无限次的循环试验，一般钢铁材料用循环次数为 10^7 时试样仍不断裂的最大循环应力表示该材料的疲劳极限。

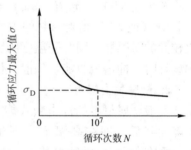

图 1-7 钢铁材料的疲劳曲线示意图

3. 提高疲劳极限的途径

疲劳极限 σ_D 与材料的抗拉强度 R_m 存在一定的经验关系。一般抗拉强度 R_m 低于 1 400MPa 的钢材，其疲劳极限 $\sigma_D \approx (0.4 \sim 0.6) R_m$。疲劳极限与材料本身成分、组织及残余内应力有关，可通过改善零件的结构形状、降低表面粗糙度、采取各种表面强化方法等措施，来提高疲劳极限。

强度、硬度、塑性、韧性等是金属材料的常用力学性能判据。常用力学性能判据及含义见表 1-4。

表 1-4 常用力学性能判据及含义

力学性能	性能判据		含 义
	名称	符号	
强度	抗拉强度	R_m	试样拉断前所能承受的最大应力
	屈服强度	R_{eH}	拉伸试样产生屈服现象时，产生塑性变形而拉力不增加的应力，试样产生明显塑性变形
		R_{eL}	
	规定残余延伸强度	$R_{r0.2}$	规定残余延伸率为 0.2% 时的应力

（续）

力学性能	性能判据		含　义
	名称	符号	
塑性	断面收缩率	Z	试样横截面积的最大缩减量与原始横截面积的百分比
	断后伸长率	A	断后标距的残余伸长与原始标距的百分比
硬度	布氏硬度	HBW	球形压痕单位面积上承受的平均压力
	洛氏硬度	HRA、HRB、HRC…	用洛氏硬度标尺的满程与压痕深度之差计算的硬度值
	维氏硬度	HV	正四棱锥压痕单位面积上承受的平均压力
韧性	冲击吸收能量	K	试样冲断所吸收的能量
疲劳	疲劳极限	σ_D	试样受无数次循环应力作用后仍不破断的最大应力

◇◇◇ 第二节　金属材料的物理性能与化学性能

一、金属材料的物理性能

物理性能是指物体固有的属性。金属材料的物理性能包括熔点、密度、电性能、热性能、磁性能等。

1. 密度

密度是指在一定温度下单位体积物质的质量，其表达式为

$$\rho = m/V$$

式中　ρ——物质的密度（g/cm^3）；

　　　m——物质的质量（g）；

　　　V——物质的体积（cm^3）。

材料的种类不同，其密度是有差异的。常用材料的密度见表1-5。

表1-5　常用材料的密度（20℃）

材料	铅	铜	铁	钛	铝	锡	钨	塑料	玻璃钢	碳纤维复合材料
密度/（g/cm^3）	11.3	8.9	7.8	4.5	2.7	7.28	19.3	0.9~2.2	2.0	1.1~1.6

材料密度很大程度上决定了工件的自重，如工业上采用密度较大的钢铁制成

的普通机床具有较大的自重，而利用密度较小的铝合金、钛合金、复合材料制成的航天器则较轻。生活中也有不少选用密度小的物质制成较轻的生活用品的例子，如利用钛合金制成的眼镜架，不仅强度高，而且质量轻；利用铝合金制成的炊具比铁炊具质量轻等。特别是对于航空工业和汽车工业，减轻自重可增加有效载重量。工程上对零件或毛坯质量的计算也要利用密度。

2. 熔点

熔点是材料从固态转变为液态的温度。金属等晶体材料一般具有固定的熔点，而高分子材料等非晶体材料一般没有固定的熔点。常用金属材料的熔点见表1-6。

表1-6 常用金属材料的熔点

材料	钨	钼	钛	铁	铜	铝	铅	铋	锡	铸铁	碳素钢	铝合金
熔点/℃	3 380	2 630	1 677	1 538	1 083	660.1	327	271.3	231.9	1 148 ~ 1 279	1 450 ~ 1 500	447 ~ 575

钨、钼等金属具有高的熔点，可用于制造耐高温的零件，如火箭、导弹、燃气轮机零件，并可用于电火花加工和焊接电极等。铅、铋、锡等金属具有低的熔点，可用于制造熔丝、焊接钎料等。

3. 电性能

描述材料电性能的物理量有电阻率 ρ 和电导率 σ。电阻率 ρ 表示单位长度、单位截面积的电阻值，其单位为 $\Omega \cdot m$。电导率 σ 为电阻率的倒数，单位为 $\Omega^{-1} \cdot m^{-1}$。材料的电阻率 ρ 越小，导电性能越好。

金属中银的导电性最好，铜与铝次之。通常金属的纯度越高，其导电性越好，合金的导电性比纯金属差，高分子材料和陶瓷一般都是绝缘体。导电器材常选用导电性良好的材料，以减少损耗；而加热元件、电阻丝，则选用导电性差的材料制作，以提高功率。

4. 热性能

（1）热导率 金属导热性能的好坏用热导率 λ 表示。其含义是在单位厚度金属、温差为1℃时，每秒钟从单位截面积通过的热量，单位为 $W/(m \cdot K)$。热导率越大，金属的导热性能越好。金属中银、铜的导热性最好，铝次之；纯金属具有良好的导热性；合金的成分越复杂，其导热性越差。常用金属的热导率见表1-7。

表1-7 常用金属的热导率

材料	银	铜	铝	铁	灰铸铁	碳素钢
热导率 / [W/(m·K)]	419	393	222	75	≈63	67（100℃）

散热器等传热元件应采用导热性好的材料制造；保温器材应采用导热性差的材料制造。热加工工艺与导热性有密切关系。在热处理、铸造、锻造、焊接过程中，若材料的导热性差，则会使工件内外产生大的温差而出现较大的内应力，导致工件变形或开裂。采用缓慢加热和冷却的方法，可使工件内外温度均匀，防止变形和开裂。

（2）热膨胀性　材料随温度的改变而出现体积变化的现象称为热膨胀性。热膨胀性用线［膨］胀系数 α 来表示，其含义是温度上升 $1℃$ 时，单位长度的伸长量，其单位为 $1/℃$。常用金属材料的线［膨］胀系数见表1-8。

表1-8　常用金属材料的线［膨］胀系数（0～100℃）

材　　料	铝	铅	锡	铜	铁	钛	碳素钢	黄铜	青铜	铸铁
线［膨］胀系数/（×10^{-6}/℃）	23.6	29.3	23.0	17.0	11.76	8.2	10.6～13	17.8～20.9	17.6～18.2	8.7～11.6

陶瓷的热膨胀性小，金属次之，高分子材料最大。对精密量具、仪表、机器等，应选用线［膨］胀系数小的材料，以避免在不同的温度下使用时影响其精度。机械加工和装配中也应考虑材料的热膨胀性，以保证构件尺寸的准确性。利用线［膨］胀系数不同的两种材料（如铁与黄铜）制成的双金属片，还可制成简易的温控开关。

5. 磁性

自然界中的物体根据磁性能可分为非铁磁性物质（如 Fe、Cu 等）和铁磁性物质（如 Fe、Ni、Co 等）。非铁磁性物质不能被磁铁吸引，即不能被磁化。铁磁性物质可以被磁铁吸引，或者说在外磁场强度（H）的作用下产生很大的磁感应强度（B）。

图1-8 所示为铁磁性材料的磁化和退磁曲线。铁磁性材料的磁性能可用下列物理量表示：

（1）磁导率 μ（$\mu = B/H$）　表示铁磁材料磁化曲线上某一点的磁感应强度 B 与外磁场强度 H 的比值。

（2）磁饱和强度 B_i　表示材料能达到的最大磁化强度。

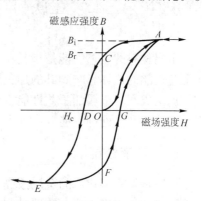

图1-8　铁磁性材料的磁化和退磁曲线

（3）剩磁 B_r　表示外磁场退为零时，材料的剩余磁感应强度。

（4）矫顽力 H_c　表示要使磁感应强度降为零，必须加反方向的磁场 H_c。

铁磁性材料可用于制造变压器的铁心、发电机的转子、测量仪表等。非铁磁性材料可用于制作要求避免电磁场干扰的零件和结构件。

二、金属材料的化学性能

金属材料的化学性能是指材料抵抗各种化学介质作用的能力，包括耐蚀性和高温抗氧化性。

1. 耐蚀性

金属材料在常温下抵抗氧、水及其他化学物质腐蚀破坏的能力称为耐蚀性。

金属的腐蚀现象随处可见，如铁生红锈、铜生绿锈、铝生白点等。金属的腐蚀既造成表面金属光泽的缺失和材料的损失，也造成一些隐蔽性和突发性的事故，因此，应采取适当的防腐蚀措施。对一些特殊用途的工件，应选择耐腐蚀材料制作，如储存及运输酸类的容器、管道等，应选择耐酸的材料。海洋设备及船舶用钢，则要求耐海水的腐蚀。金属材料中铬镍不锈钢，可以耐含氧酸的腐蚀。耐候钢、铜及铜合金、铝及铝合金，能耐大气的腐蚀。合成高分子材料和陶瓷材料一般都具有良好的耐蚀性。

2. 高温抗氧化性

在高温下金属材料易与氧结合，形成氧化皮，造成金属的损耗和浪费，因此高温下使用的工件，要求材料具有高温抗氧化的能力。例如，各种加热炉、锅炉等，要选用抗氧化性良好的材料。材料中的耐热钢、高温合金、钛合金、陶瓷材料等都具有好的高温抗氧化性。

◇◇◇ 第三节 金属材料的工艺性能

金属材料的工艺性能是指其在加工过程中对不同加工方法的适应性。金属材料工艺性能的好坏影响到其的加工难易程度，从而影响工件的加工质量、生产效率和加工成本。金属的工艺性能主要有铸造性能、压力加工性能、焊接性能、切削加工性能和热处理性能。

一、铸造性能

铸造是指将熔化后的金属液浇入铸型中，待凝固、冷却后获得具有一定形状和性能铸件的成型方法。铸造是获得零件毛坯的主要方法之一。金属的铸造性能是指铸造成型过程中获得外形准确、内部健全铸件的能力，即金属获得优质铸件的能力。铸造性能通常用金属液的流动性、收缩性等表示。金属的流动性越好，收缩率越小，表明铸造性能越好。

1. 流动性

流动性是指金属液本身的流动能力。流动性会影响金属液的充型能力。流动性好的金属，浇注时金属液容易充满铸型的型腔，能获得轮廓清晰、尺寸精确、薄而形状复杂的铸件，还有利于金属液中夹杂物和气体的上浮排除。相反，金属的流动性差，则铸件易出现冷隔、浇不到、气孔、夹渣等缺陷。金属的流动性与合金的种类与化学成分有关。常用的铸造合金中，灰铸铁的流动性较好，而铸钢的流动性较差。流动性还与金属铸造时的工艺条件有关，提高浇注温度可改善金属的流动性。

2. 收缩性

收缩性是铸造合金从液态凝固和冷却至室温过程中产生的体积和尺寸的缩减。

收缩会使铸件产生缩孔、缩松、内应力，甚至变形、开裂等铸造缺陷。影响收缩性的因素主要有合金的种类和成分以及铸造工艺条件。常用铸造合金的线收缩率见表1-9。常用金属中灰铸铁与锡青铜的收缩率较小，而铸钢和黄铜具有较大的收缩率。

表1-9 常用铸造合金的线收缩率（%）

合金种类	灰铸铁	球墨铸铁	铸钢	铝硅合金	普通黄铜	锡青铜
自由收缩	0.7~1.0	1.0	1.6~2.3	1.0~1.2	1.8~2.0	1.4
受阻收缩	0.5~0.9	0.8	1.3~2.0	0.8~1.0	1.5~1.7	1.2

二、压力加工性能

利用压力使金属产生塑性变形，使其改变形状、尺寸，改善性能，获得型材、棒材、板材、线材或锻压件的加工方法称为压力加工。压力加工方法有锻造、轧制、挤压、拉拔、冲压等。金属在压力加工时塑性成形的难易程度称为压力加工性能。

金属的压力加工性能主要取决于塑性和变形抗力。塑性越好，变形抗力越小，金属的压力加工性能就越好。低的塑性变形抗力会使设备耗能少，优良的塑性使产品能够获得准确的外形而不破裂。

一般纯金属的压力加工性能良好，而含合金元素和杂质越多，压力加工性能越差。一般低碳钢的压力加工性能优于高碳钢，低合金钢的压力加工性能比高合金钢好，而铸铁则不能进行压力加工。

三、焊接性能

焊接是通过加热或加压，或两者并用，并且用或不用填充材料，使工件达到结合的一种方法。

焊接性能是材料在限定的施工条件下焊接成规定设计要求的构件，并满足预定工作要求的能力。它包括两方面的内容：其一是工艺焊接性，即在一定的焊接工艺条件下，能否获得优质、无缺陷的焊接接头的能力；其二是使用焊接性，即焊接接头或整体结构满足技术要求所规定的各种使用性能的程度，包括力学性能及耐热、耐蚀等特殊性能。

钢的焊接性能取决于碳及合金元素的含量，其中影响最大的元素是碳。把钢中合金元素（包括碳）的含量按其作用换算成碳的相当含量称为碳当量，用符号 CE 表示。碳素钢和低合金结构钢常用碳当量来评定它的焊接性。国际焊接学会推荐的碳当量计算公式为

$$CE = w(C) + \frac{w(Mn)}{6} + \frac{w(Cr) + w(Mo) + w(V)}{5}$$
$$+ \frac{w(Ni) + w(Cu)}{15}$$

碳当量越高，钢的焊接性越差。当 CE < 0.4% 时，焊接性良好；当 CE = 0.4% ~ 0.6% 时，焊接性较差；当 CE > 0.6% 时，焊接性很差，焊接时需要较高的预热温度和采取严格的工艺措施。例如，低碳钢和低碳的合金钢焊接性能良好，焊接质量容易保证，焊接工艺简单；高碳钢和高合金钢焊接性能较差，焊接时需采用预热或气体保护焊等，焊接工艺复杂。

四、热处理性能

热处理是通过对固态下的材料进行加热、保温、冷却，从而获得所需要的组织和性能的工艺。钢的热处理性能包括淬透性、晶粒长大倾向、耐回火性、变形与开裂倾向等。

五、切削加工性能

零件常采用毛坯进行切削加工（如车削加工、铣削加工、刨削加工、磨削加工等）而制成。材料的切削加工性能是指材料接受各种切削加工的难易程度。切削加工性能直接影响零件的表面质量、刀具的寿命、切削加工成本等。一般认为影响切削加工性能的主要因素是材料的硬度和组织状况，通常材料的硬度在 170 ~ 230HBW 时较容易加工。常用材料中，铸铁及经过恰当热处理的碳素钢具有较好的切削加工性能，而高合金钢的切削加工性能较差。

金属的工艺性能不是一成不变的，可以通过改进工艺规程，选用合适的加工设备和方法等措施来改善。

复习思考题

1. 材料的使用性能与工艺性能有何区别?

2. 金属常用的力学性能判据有哪些?

3. 拉伸试验能测量哪些力学性能指标?

4. 常用的硬度测量方法有哪些?

5. 为什么铸铁等组织粗大的材料要用布氏硬度测量法?

6. 为什么一般冲击试验要强调测量时环境的温度?

7. 什么叫疲劳现象? 疲劳断裂有何特征?

8. 为什么飞机等要求质轻的构件需采用密度小的材料制作?

9. 举例说明高熔点的金属和低熔点的金属各有何用途。

10. 材料的工艺性能有何意义?

11. 常用的工艺性能有哪些?

第二章

金属的晶体结构与结晶

培训学习目标 了解常用金属与合金的晶体结构和结晶规律，理解晶粒大小与力学性能的关系，熟悉控制晶粒大小的方法。

金属材料品种繁多，力学性能各异，这种差异是由成分和组织决定的。了解金属的晶体结构和结晶规律，对控制材料的性能、正确选用材料、开发新材料有重要指导意义。

◇◇◇ 第一节　金属的晶体结构

一、晶体结构的基本知识

1. 晶体与非晶体

自然界中的固态物质，按质点（原子或分子）排列的特点分为晶体与非晶体。物质内的质点在三维空间按一定的规律作周期性排列的物质称为晶体；质点散乱排列的物质称为非晶体。自然界中除少数物质（如石蜡、沥青、普通玻璃、松香等）外，绝大多数无机非金属物质都是晶体，金属及其合金一般多为晶体。

2. 晶格与晶胞

为便于描述晶体内原子的排列规律，常把原子看成刚性小球，晶体就是由这些刚性小球堆垛而成的。图2-1所示为晶体中原子的堆垛模型。

为清楚地描述晶体中原子排列的规律，将

图2-1　晶体中原子的堆垛模型

刚性小球简化成一个结点，并用假想的线条将这些结点连接起来，便构成了一个有规律性的空间格架。这种用以描述晶体中原子排列规律的空间几何格架称为晶格，如图 2-2a 所示。

晶格中的原子排列具有明显的周期性，为简便起见，通常从晶格中选取一个能完全反映晶格特征的最小几何单元，用来分析晶体中原子排列的规律，这个最小的几何单元就是晶胞，如图 2-2b 所示。晶胞的大小和形状常以晶格常数 a、b、c 和棱边夹角 α、β、γ 表示。

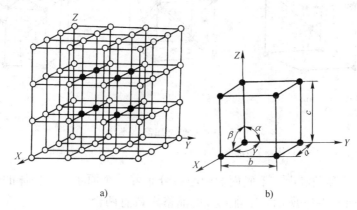

图 2-2　晶格与晶胞
a）晶格　b）晶胞

二、纯金属的晶体结构

1. 常用金属的晶体结构

在已知的 80 多种金属中，除少数金属具有复杂的晶体结构外，大多数金属具有比较简单的晶体结构，常见的有体心立方晶格、面心立方晶格、密排六方晶格。

（1）体心立方晶格　其晶胞是一个立方体，立方体的 8 个顶角和立方体的中心各分布着一个原子，如图 2-3a 所示。体心立方晶格的晶格常数 $a=b=c$，棱边夹角 $\alpha=\beta=\gamma=90°$。具有体心立方晶格的金属有 α-Fe、铬（Cr）、钨（W）、钼（Mo）、钒（V）、β-Ti 等。

（2）面心立方晶格　其晶胞是一个立方体，立方体的 8 个顶角和 6 个面的中心各分布着一个原子，如图 2-3b 所示。面心立方晶格的晶格常数 $a=b=c$，棱边夹角 $\alpha=\beta=\gamma=90°$。具有面心立方的金属有 γ-Fe、铝（Al）、铜（Cu）、银（Ag）、金（Au）、镍（Ni）等。

（3）密排六方晶格　其晶胞是一个上、下底面为正六边形的六柱体，在六

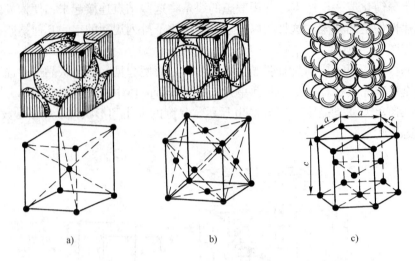

图 2-3　常见金属晶格类型

a）体心立方晶格　b）面心立方晶格　c）密排六方晶格

柱体的 12 个顶角和上、下底面的中心各分布着一个原子，六柱体的中间还有 3 个原子，如图 2-3c 所示。密排立方的晶格常数有两个，即正六边形边长 a 和六柱体的高度 c，轴比 $c/a = 1.663$。具有密排六方晶格的金属有镁（Mg）、锌（Zn）、α-Ti、镉（Cd）、铍（Be）等。

　　上述三种晶格中原子排列的紧密程度是不一样的，面心立方和密排六方晶格中的原子排列较紧密，经计算，晶格中有 74% 的空间被原子所占据，其余为原子间隙，即这两种晶格的致密度均为 0.74，而体心立方晶格的原子排列较松散，其致密度为 0.68。

　　2. 金属的同素异晶转变

　　大多数金属结晶后，其晶格类型不再发生变化。但也有少数金属，如铁、钴、锡、钛等，在固态下，随温度的变化，其晶格类型发生转变。这种现象称为同素异晶转变。

　　纯铁具有同素异晶转变，可以形成体心立方和面心立方的同素异晶体。图 2-4 所示为纯铁在常压下的冷却曲线及晶体结构变化。

　　由图 2-4 可见，纯铁在 1 538℃ 由

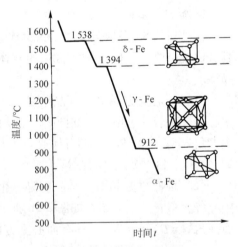

图 2-4　纯铁在常压下的
冷却曲线及晶体结构变化

液态结晶为固态 δ-Fe（体心立方晶格）。随后，固态下的铁随着温度的变化将发生两次同素异晶转变，在 1 394℃ 时 δ-Fe 转变成 γ-Fe（面心立方晶格），在 912℃ 时 γ-Fe 又会转变成 α-Fe（体心立方晶格）。若继续冷却，α-Fe 不再发生晶格类型的转变，但在 770℃ 时将发生铁的磁性转变，在 770℃ 以上纯铁无磁性，在 770℃ 以下纯铁具有磁性。这些转变可表示为

$$L \xrightarrow{1\,538℃} δ\text{-Fe} \xrightarrow{1\,394℃} γ\text{-Fe} \xrightarrow{912℃} α\text{-Fe}$$

同素异晶转变属于固态转变。对具有固态转变的金属，通过在固态下的加热和冷却可使其发生重结晶来改变组织和性能，这对热处理具有十分重要的意义。例如，钢和铸铁通过热处理可改变其组织和性能，这是钢铁材料性能多样、用途广泛的主要原因之一。

3. 实际金属的晶体结构

实际应用的金属中，总是不可避免地存在原子偏离规则排列的不完整区域，这些区域称为晶体缺陷。根据缺陷存在的几何形式，将晶体缺陷分为点缺陷（空位、间隙原子）、线缺陷（刃型位错、螺型位错）、面缺陷（晶界、亚晶界）。常见晶体缺陷如图 2-5 所示。这些晶体缺陷将对材料的性能产生影响。一般情况下，晶体缺陷会造成晶格畸变，使变形抗力增大，从而可提高材料的强度、硬度。

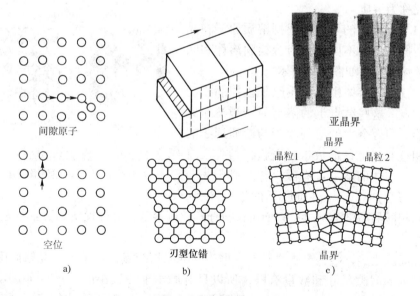

图 2-5　常见晶体缺陷

a）点缺陷　b）线缺陷　c）面缺陷

三、合金的组织结构

纯金属虽然具有良好的导电性、导热性和良好的塑性，在工业中具有一定的应用价值，但其强度和硬度不高，冶炼也十分困难（纯度越高，冶炼成本就会越高），所以其应用受到了限制，实际生产中大量使用的金属材料多为合金。

1. 合金的基本概念

合金是指由两种或两种以上的金属元素或金属与非金属元素组成的、具有金属特征的物质。例如，钢、铸铁都是铁与碳组成的合金，黄铜是铜与锌组成的合金，硬铝是铝、铜、镁组成的合金等。

组元是指组成合金最基本的、独立的单元。根据组元数目的多少，可将合金分为二元合金、三元合金等。

合金的内部组织是由相组成的。合金中的相是指有相同的结构、物理性能和化学性能，并与该系统中其余部分有明显界面分开的均匀部分。固态下只有一个相的合金称为单相合金，由两个或两个以上的相组成的合金称为多相合金。

固态合金的相结构主要有固溶体和金属化合物。

2. 固溶体

固态下合金中的组元间相互溶解形成的均匀相称为固溶体。在固溶体中晶格保持不变的组元称为溶剂，因此固溶体的晶格与溶剂的晶格相同。固溶体中的其他组元称为溶质。

（1）固溶体的类型 根据溶质原子在晶格中占据位置的不同，分为置换固溶体和间隙固溶体两类，如图2-6所示。

在置换固溶体中，溶质原子占据晶格的正常结点，这些结点上的溶剂原子被溶质原子替换。当合金中的溶剂原子与溶质原子的半径相近时，更易形成这种置换固溶体。有些置换固溶体的溶解度有限，称为有限固溶体。但当溶剂原子与溶质原子的半径相当，

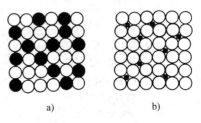

a)   b)

图2-6 固溶体结构示意图

a）置换固溶体 b）间隙固溶体

并具有相同的晶格类型时，它们可以按任意比例溶解，这种置换固溶体称为无限固溶体。

在间隙固溶体中，溶质原子不占据正常的晶格结点，而是嵌入晶格间隙中。由于溶剂的间隙尺寸和数量有限，所以只有原子半径较小的溶质（如碳、氮、硼等非金属元素）才能溶入溶剂中形成间隙固溶体。间隙固溶体的溶解度有限，都为有限固溶体。

（2）固溶体的性能 无论形成哪种固溶体，都将破坏原子的规则排列，使

晶格发生畸变，如图 2-7 所示。随着固溶体中溶质原子数量的增加，晶格畸变增大。晶格畸变导致变形抗力增加，使固溶体的强度增加，所以获得固溶体可提高合金的强度、硬度，这种现象称为固溶强化。固溶强化是提高金属材料性能的重要途径之一。

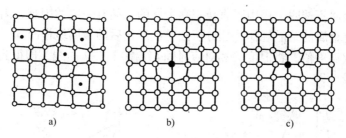

图 2-7　固溶体的晶格畸变

a）间隙固溶体　b）、c）置换固溶体

注：●代表溶质原子，○代表溶剂原子。

在一般情况下，只要固溶体中的溶质含量适当，固溶体不仅具有高的强度和硬度，还可以保持良好的塑性与韧性。因此，实际使用的合金，一般都是以固溶体作为基体相的多相合金，具备这样组织的合金一般综合性能良好。

3. 金属化合物

金属化合物是合金中各组元间发生相互作用而形成的具有金属特性的一种新相，一般可用其化学式来表示，如铁碳合金中的 Fe_3C（渗碳体）。金属化合物通常具有复杂的晶体结构，而且不同于任一组成元素的晶体类型。

金属化合物的熔点高，性能硬而脆。它在合金组织中呈细小均匀状分布于固溶体基体上时，能使合金的强度、硬度、耐磨性等提高。因此，合金中的金属化合物是不可缺少的强化相；但金属化合物数量多或呈粗大、不均匀状分布时，会降低合金的力学性能，使合金脆性增大。

固溶体、金属化合物是组成合金的基本相。实际使用的合金，其组织通常是由固溶体与少量金属化合物组成的机械混合物。通过调整固溶体中溶质原子的含量，以及控制金属化合物的数量、形态、分布状况，可以改变合金的力学性能，获得性能各异的合金材料。

◇◇◇ 第二节　金属的结晶

金属的熔炼、铸造、焊接等都要经历由液态转变为固态的过程。金属由液态转变为固态晶体的过程称为结晶。金属结晶后形成的组织状态对性能影响很大，所以了解金属结晶规律，对控制材料的组织和性能显得十分重要。

一、纯金属的结晶

1. 冷却曲线与过冷度

由于金属不透明，用肉眼直接观察金属的结晶有一定的困难，因此采用热分析法来研究金属的结晶规律。热分析法是使熔化后的金属缓慢冷却，每隔一定时间记录一次温度值，将温度 T 和对应时间 t 绘制成 T—t 曲线，即得到图 2-8 所示的冷却曲线。

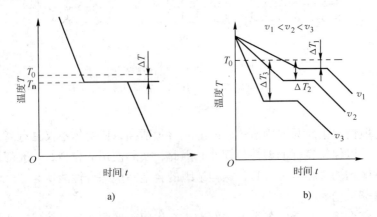

图 2-8　冷却曲线
a）纯金属的冷却曲线　b）金属在不同冷却速度下的冷却曲线

在冷却曲线上有一个恒温的水平线段，所对应的温度就是金属的结晶温度（或熔点）。在结晶过程中，放出的结晶潜热补偿了散失的热量，使温度保持恒定不变；结晶结束后，由于金属继续散热，固态金属的温度开始下降。

在无限缓慢的冷却条件下（即平衡状态下）的结晶温度称为理论结晶温度，用 T_0 表示，其数值是恒定的。但在实际生产中金属都是以一定的速度冷却的，所测得的结晶温度称为实际结晶温度，用 T_n 表示，其数值随冷却速度的增加而降低。实验表明，金属的实际结晶温度总是低于理论结晶温度，即 $T_n < T_0$，这种现象称为过冷。理论结晶温度与实际结晶温度的差值称为过冷度，用 ΔT 表示，$\Delta T = T_0 - T_n$。过冷度与冷却速度有关，冷却速度越大，实际结晶温度越低，过冷度也就越大，如图 2-8b 所示。

2. 纯金属的结晶过程

结晶过程是不断地形核与长大的过程，如图 2-9 所示。在结晶过程中，金属内的原子从液态无序的混乱排列转变成固态的有规律排列。

（1）形核　金属液在过冷的条件下，某些局部微小的区域内的原子首先自发地聚集在一起，这种原子规则排列的细小聚合体称为晶核，这种形核方式称为自发形核；另一种形核方式是非自发形核，即金属液中自带或人工加入的细微固态颗粒作为结晶的核心。

（2）长大　晶核形成后，金属液中的原子不断向晶核表面迁移，使晶核不断长大，与此同时，不断有新的晶核产生并长大，直至金属液全部消失。

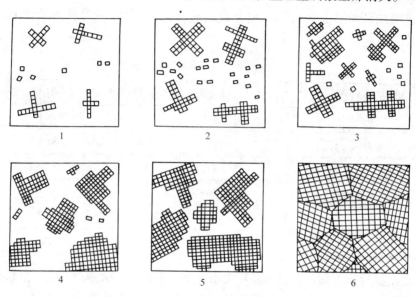

图 2-9　纯金属的结晶过程

每个晶核成长为一颗形状不规则的小晶体，这个小晶体称为晶粒。在同一晶粒内部原子按一定位向排列，而各相邻晶粒的原子排列位向不同。晶粒与晶粒之间的交界面称为晶界。金属结晶终了，一般得到由许多个晶粒组成的多晶体。图 2-10 所示为在放大倍数为 400 的显微镜下观察到的金属的多晶体显微组织。要获得只有一个晶粒的单晶体是很困难的，只有当

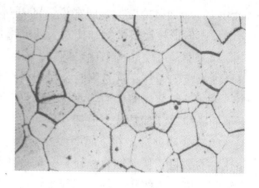

图 2-10　金属中的多晶体晶粒

材料有特殊要求时才值得这样做，如通过控制结晶过程可获得半导体材料单晶硅等。

以上是纯金属的结晶规律，合金的结晶与纯金属的结晶有相似之处，但比纯金属的结晶要复杂，必须建立合金相图才能表达清楚，有关内容将在第三章中结

合铁碳合金介绍。

二、晶粒大小与控制措施

晶粒大小对力学性能的影响很大，一般在室温下金属的晶粒越细，其强度、硬度就越高，塑性、韧性也越好。纯铁的晶粒大小与力学性能的关系见表2-1。通过获得细晶粒来强化材料（也称为细晶强化），是改善材料力学性能的重要措施。

表 2-1　纯铁的晶粒大小与力学性能的关系

晶粒平均直径/μm	抗拉强度 R_m/MPa	断后伸长率 $A_{11.3}$（%）
9.7	168	28.8
7.0	184	30.6
2.5	215	39.6
0.2	268	48.8
0.16	270	50.7
0.1	284	50

由结晶过程得知，金属的晶粒大小与形核数目和长大速度有关。形核数目越多，晶核的长大速度越小，结晶后晶粒也就越细。实际生产中可通过以下方法来细化晶粒：

（1）增加过冷度　一般来说，随着过冷度的增加，形核数目和长大速度都会增加，但形核数目的增加比长大速度增加得快，因此，通过增加过冷度，即加快冷却速度，可使晶粒细化。例如，在铸造生产中，金属型铸造比砂型铸造可获得更细晶粒的铸件，这是因为金属型具有更好的导热性，可使铸件的冷却速度加快；再如一般金属铸件的表面比心部具有更细的晶粒，小型铸件比大型铸件具有更细的晶粒等，都是这个道理。

（2）变质处理　在金属中加入少量变质剂（高熔点的固体微粒），以增加结晶核心的数目，从而细化晶粒，这种方法称为变质处理。变质处理在生产中应用广泛，特别是当体积大的金属很难获得大的过冷度时，采用变质处理可有效地细化晶粒。例如，铸铁结晶时加入硅铁和硅钙合金；铝合金结晶时加入氯化钠和氟化钠的复合盐等，都是常用的变质处理方法。

除上述两种方法外，结晶时采用附加振动的方法，即在金属结晶时施以机械振动、电磁振动、超声波振动等方法，可使金属在结晶初期形成的晶粒破碎，以增加晶核数目，也可起到细化晶粒的目的。

复习思考题

1. 什么叫晶体？什么叫非晶体？

2. 什么叫晶格？什么叫晶胞？

3. 常见的金属晶体结构有哪几种？

4. 铁有哪几种同素异晶体？

5. 晶体缺陷有哪几种？试述晶体缺陷对力学性能的影响。

6. 什么叫固溶体？什么叫固溶强化现象？

7. 什么叫金属化合物？金属化合物有何性能特征？

8. 试述纯金属的结晶过程。

9. 试述晶粒大小与力学性能的关系。

10. 试归纳金属的强化措施。

第 三 章

铁碳合金相图

铁碳合金是工业上应用最广泛的金属材料。铁碳合金相图是表示平衡状态下不同成分的铁碳合金在不同温度下，具有的状态和组织的图形。学习铁碳合金相图，对合理选择和使用钢铁材料、指导热加工工艺（热处理、铸造、锻压等）具有重要意义。

◆◆◆ 第一节 铁碳合金的基本组织

1. 铁素体（F）

纯铁在912℃以下是具有体心立方晶格的 α-Fe，碳溶于 α-Fe 中的间隙固溶体称为铁素体，用符号 F 表示。由于 α-Fe 的体心立方晶格间隙直径很小，碳在其中溶解度极小，600℃时其溶解度仅为0.005 7%，在727℃时达到最大溶解度，但也仅为0.021 8%。因此，铁素体的力学性能几乎与纯铁相当，其塑性、韧性好（$A \approx 30\% \sim 50\%$，$KU \approx 128 \sim 160J$），而强度、硬度低（$R_m \approx 180 \sim 280MPa$，$50 \sim 80HBW$）。铁素体在770℃以下时具有铁磁性，在770℃以上则失去磁性。

如图 3-1 所示，铁素体的显微组织为明亮的多边形晶粒，晶界处易于腐蚀，呈不规则的黑色线条。

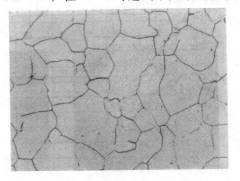

图 3-1 铁素体显微组织

2. 奥氏体（A）

奥氏体是碳溶于 γ-Fe 中形成的间隙固溶体，用符号 A 表示。铁碳合金中的奥氏体是一种高温组织，冷却至一定温度时将发生组织转变。由于 γ-Fe 具有面心立方晶格，其晶格的间隙直径较大，故溶碳的能力比较大，在727℃时碳的溶解度为0.77%，在1 148℃时碳的溶解度达到最大值为2.11%。

奥氏体的性能取决于溶碳量和晶粒大小，一般情况下，其抗拉强度 $R_m \approx 400MPa$，硬度可达170~220HBW，塑性较好，断后伸长率$A \approx 40\% \sim 50\%$。锻压加工钢材或零件毛坯时，常需将钢加热至获得单相奥氏体，以获得良好的锻压性能。奥氏体为高温相，存在于727℃以上，为非铁磁性相。

图3-2 奥氏体显微组织

如图3-2所示，奥氏体的显微组织为明亮的多边形晶粒，其晶界较平直，且晶粒内常出现孪晶组织（图3-2中的晶粒内平行线）。

3. 渗碳体（Fe₃C）

渗碳体是铁和碳的金属化合物，具有复杂的晶体结构，用化学式 Fe_3C 表示。渗碳体中碳的质量分数 $w(C) = 6.69\%$，熔点为1 227℃。

渗碳体的力学性能特点是硬度高（约为800HV）、塑性极差、脆性大。渗碳体在钢与铸铁中与其他相共存时，其形态有片状、网状、粒状、板条状等形态。渗碳体的大小、数量、分布对铁碳合金性能有很大影响，一般当它适量、细小、均匀地分布时，可作为强化相，但数量过多或呈粗大、不均匀状分布时，可使铁碳合金的韧性降低，脆性增大。

4. 珠光体（P）

珠光体是由铁素体和渗碳体组成的机械混合物，用符号 P 表示。珠光体中碳的质量分数 $w(C) = 0.77\%$，具有良好的力学性能（介于铁素体与渗碳体之间），其强度较高，硬度适中，具有一定的塑性和韧性（抗拉强度 $R_m \approx 770MPa$，硬度为180HBW，断后伸长率 $A \approx 20\% \sim 35\%$，冲击吸收能量 $KU \approx 24 \sim 32J$）。珠光体显微组织形态为铁素体和渗碳体交替，呈片状，如图3-5所示。

5. 莱氏体（Ld）

莱氏体是由奥氏体和渗碳体组成的机械混合物，用符号 Ld 表示。莱氏体中碳的质量分数 $w(C) = 4.3\%$。它是一种高温组织，存在温度为727~1148℃。当温度降至727℃以下时，莱氏体中的奥氏体将转变为珠光体，此时组织称为低温莱氏体，用符号 L'd 表示。莱氏体的力学性能与渗碳体相似，硬度很高、塑性极差、脆性大。

◆◆◆ 第二节　Fe-Fe₃C 相图

相图是表示合金系中不同成分的合金在不同温度下所具有的相，以及这些相之间平衡关系的图形。因此，相图是利用图解的形式表示合金成分、温度、平衡相（或组织）之间关系的图形。铁碳合金相图是研究铁碳合金成分、温度、相（或组织）之间关系的图形。

在铁碳合金中，铁与碳可形成一系列稳定的化合物，如 $Fe_3C[w(C) = 6.69\%]$、$Fe_2C[w(C) = 9.68\%]$、$FeC[w(C) = 17.65\%]$ 等。由于 $w(C) > 6.69\%$ 的铁碳合金脆性极大，机械加工困难，生产中无实用价值，因此仅研究碳的质量分数 $w(C) = 0\% \sim 6.69\%$ 部分的铁碳合金，即研究从 $Fe[w(C) = 0\%]$ 至 $Fe_3C[w(C) = 6.69\%]$ 的 Fe-Fe₃C 相图部分。Fe 和 Fe₃C 是 Fe-Fe₃C 相图中的两个基本组元。

Fe-Fe₃C 相图是由实验测得的，为便于研究，将相图左上角部分进行简化，简化后的 Fe-Fe₃C 相图如图 3-3 所示。

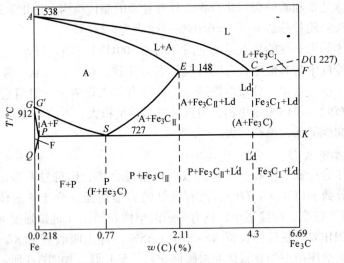

图 3-3　简化后的 Fe-Fe₃C 相图

一、Fe-Fe₃C 相图分析

在 Fe-Fe₃C 相图中，纵坐标表示温度，横坐标表示成分，左端原点 Fe 为纯铁，右端为 $Fe_3C[w(C) = 6.69\%]$，横坐标上任何一个固定的成分均代表一种铁碳合金。相图中的相变线将二维平面分割成多个区域，表示铁碳合金在对应的成分和温度范围所具有的相或组织状态。

1. Fe-Fe$_3$C 相图的特性点

Fe-Fe$_3$C 相图中各点的符号为约定通用的，不能随意变更。Fe-Fe$_3$C 相图中特性点的温度、成分及含义见表3-1。

表3-1 Fe-Fe$_3$C 相图中特性点的温度、成分及含义

特性点	温度/℃	$w(C)$ （%）	含　义
A	1 538	0	纯铁的熔点
C	1 148	4.3	共晶点　$L_C \xrightleftharpoons{1\,148℃} Ld\ (A_E + Fe_3C)$
D	1 227	6.69	渗碳体的熔点（计算值）
E	1 148	2.11	碳在 γ-Fe 中的最大溶解度
G	912	0	纯铁的同素异晶转变点　$\alpha\text{-Fe} \xrightleftharpoons{912℃} \gamma\text{-Fe}$
P	727	0.021 8	碳在 α-Fe 中的最大溶解度
S	727	0.77	共析点　$A_S \xrightleftharpoons{727℃} P\ (F_P + Fe_3C)$
Q	600	0.005 7	600℃时碳在 α-Fe 中的溶解度
	室温	0.000 8	室温时碳在 α-Fe 中的溶解度

2. Fe-Fe$_3$C 相图的特性线

Fe-Fe$_3$C 相图的特性线是不同成分合金具有相同物理意义相交点的连接线，也是铁碳合金在缓慢加热或冷却时开始发生相变或相变终了的线。相图中各特性线的名称及含义见表3-2。表3-2 中特性线的含义以缓慢冷却过程为例，加热时其过程可逆。

表3-2 Fe-Fe$_3$C 相图中各特性线的名称及含义

特性线	含　义
ACD 线	液相线。温度在此线以上时，铁碳合金处于液态（L），合金缓冷至液相线时，开始结晶。在冷至 AC 线时，开始结晶出奥氏体；冷至 CD 线时，开始从液相中结晶出渗碳体，称为一次渗碳体（Fe_3C_I）
$AECF$ 线	固相线。铁碳合金在此温度线以下时，已全部结晶为固相，即冷却至此线时，结晶终了
ECF 水平线	共晶线。$w(C) > 2.11\%$ 的铁碳合金，缓冷至该线温度（1 148℃）时，均会发生共晶反应[①]，由液相转变为莱氏体。共晶反应式为：$L_C \xrightleftharpoons{} Ld\ (A_E + Fe_3C)$
PSK 水平线	共析线（又称为 A_1 线）。$w(C) > 0.021\ 8\%$ 的铁碳合金，缓冷至该线（727℃）时，均会发生共析转变[②]，由奥氏体转变为珠光体。共析反应式为：$A_S \xrightleftharpoons{} P\ (F_P + Fe_3C)$。缓慢加热时珠光体将转变为奥氏体

（续）

特性线	含　义
ES 线	碳在 γ-Fe 中的溶解度曲线（又称为 A_{cm} 线）。γ－Fe 在 1 148℃时最大溶碳量可达 2.11%，随着温度的降低，溶碳量减少，至 727℃时为 0.77%。该线也是高温缓冷时，从奥氏体中析出渗碳体的开始线，此渗碳体称为二次渗碳体（Fe_3C_{II}）
GS 线	奥氏体与铁素体转变线（又称为 A_3 线）。$w(C)$ = 0% ~ 0.77% 的铁碳合金，缓冷时，由奥氏体中析出铁素体的开始线

① 共晶反应是指在一定温度下，由一定成分的合金液相中同时结晶出两个固相并形成机械混合物的过程。

② 共析反应是指在一定温度下，由一定成分的固溶体中同时析出两种化学成分与结构完全不同的固相并形成机械混合物的转变过程。

3. Fe-Fe₃C 相图的相区

Fe-Fe₃C 相图中的单相区有：液相区 L，ACD 线以上的区域；奥氏体相区 A，即 AESGA 区；铁素体相区 F，即 GPQG 区。

两相区有：L + A 两相区，即 ACEA 区域；L + Fe₃C 两相区，即 CDFC 区域；A + Fe₃C 两相区，即 EFKSE 区域；F + A 两相区，即 GSPG 区域；F + Fe₃C 两相区，即 PSK 线以下的区域。

此外，共晶线 ECF 线是 L、A、Fe₃C 三相共存线，共析线 PSK 线是 F、A、Fe₃C 三相共存线。

二、铁碳合金的分类及平衡组织

1. 铁碳合金的分类

根据 Fe-Fe₃C 相图，铁碳合金按碳的质量分数和室温组织的不同，可分为工业纯铁、钢和白口铸铁。铁碳合金的分类和室温平衡组织见表 3-3。

表 3-3　铁碳合金的分类和室温平衡组织

合金种类	工业纯铁	钢			白口铸铁		
		亚共析钢	共析钢	过共析钢	亚共晶白口铸铁	共晶白口铸铁	过共晶白口铸铁
碳的质量分数	<0.021 8%	0.021 8% < $w(C)$ ≤2.11%			2.11% < $w(C)$ <6.69%		
		<0.77%	0.77%	>0.77%	<4.30%	4.30%	>4.30%
室温平衡组织	F	F + P	P	P + Fe₃C_II	P + Fe₃C_II + L′d	L′d	L′d + Fe₃C_I
室温相组成物	F + Fe₃C						

2. 典型铁碳合金的结晶及平衡组织

根据 Fe-Fe$_3$C 相图，可以分析任意成分的铁碳合金的成分、温度、组织之间的变化规律，以及它们在平衡条件下所获得的室温平衡组织。以下分析常用铁碳合金的结晶过程及平衡组织。

（1）工业纯铁　工业纯铁中碳的质量分数小于 0.021 8%，根据 Fe-Fe$_3$C 相图可知，其室温组织为铁素体，如图 3-4 所示。工业纯铁的性能特点为塑性、韧性好，但强度和硬度不高，故在工业中的应用较少。

（2）钢　钢是工业中最常用的材料，其特点是在高温固态下能获得单相奥氏体组织，具有良好的塑性，因而可进行锻压加工。钢又可分为共析钢、亚共析钢和过共析钢三类。

1）共析钢：根据 Fe-Fe$_3$C 相图可知，碳的质量分数为 0.77% 的共析钢从液态冷却至 AC 线时开始从液相中结晶出奥氏体，随后奥氏体不断增多，液相不断减少；当冷却至 AE 线时，结晶终了，全部转变为单相奥氏体；然后冷却到共析线即 PSK 线，开始发生共析转变，即由奥氏体转变为共析珠光体组织；以下冷却组织不再变化。因此，共析钢的室温平衡组织为片层状的珠光体，如图 3-5 所示。珠光体是由铁素体和渗碳体以片层状的形式组成的机械混合物，具有较高的强度和一定的韧性。

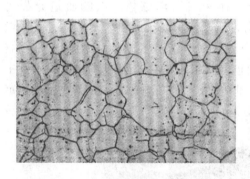
图 3-4　工业纯铁的显微组织（F）

图 3-5　共析钢的显微组织（P）

2）亚共析钢：根据 Fe-Fe$_3$C 相图可知，碳的质量分数在 0.021 8% ~2.11% 范围内任意一个确定成分的亚共析钢冷却至 AE 线结晶结束，组织为单相奥氏体；当继续冷却至 GS 线时，先由奥氏体中析出铁素体，获得铁素体和奥氏体；然后冷却至共析线即 PSK 线，奥氏体再转变为珠光体；以下冷却组织基本不再变化。因此，亚共析钢的室温平衡组织为铁素体加珠光体。碳的质量分数为 0.021 8% ~0.77% 的亚共析钢平衡组织均为铁素体 + 珠光体，但随碳含量的增加，亚共析钢中铁素体的量减少，珠光体的量增加。图 3-6 所示分别为 20 钢 $[w(\mathrm{C}) = 0.20\%]$ 和 45 钢 $[w(\mathrm{C}) = 0.45\%]$ 的平衡组织，其中白亮色块状组织为铁素体，黑色或片层状的组织为珠光体。亚共析钢中，碳含量较低的钢，由于铁素体的量较多，因此具有良好的塑性和韧性；碳含量适中或较高的钢，由于珠光体数量增多，因此具有较高的强度和一定的韧性。

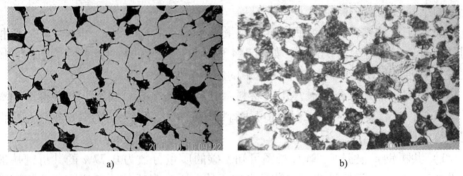

图 3-6　亚共析钢的显微组织（F + P）

a）20钢　b）45钢

3）过共析钢：任意成分的过共析钢冷却至 AE 线结晶结束时，组织也为单相奥氏体；当继续冷却至 ES 线时，先由奥氏体中析出二次渗碳体，然后冷却至共析线即 PSK 线，奥氏体再转变为珠光体；继续冷却，组织基本不再变化。因此，过共析钢的室温平衡组织为珠光体 + 二次渗碳体。碳的质量分数为 0.77% ~ 2.11% 的过共析钢平衡组织均为珠光体 + 二次渗碳体，但随着碳含量的增加，过共析钢中二次渗碳体数量增多且一般以网状分布，如图 3-7 所示。图 3-7 中片状或黑色组织为珠光体，白色网状组织为二次渗碳体。过共析钢中由于渗碳体的数量增加，其硬度较高，但塑性、韧性降低。在碳含量超过一定值后，二次渗碳体以网状连续分布，使钢的强度下降。

图 3-7　过共析钢的显微组织（P + Fe_3C）

（3）白口铸铁　白口铸铁的特点是在液态下结晶时，全部或部分液相会发生共晶转变，获得全部或部分莱氏体组织。白口铸铁组织中渗碳体的量很多，故性能特点是硬度高、脆性大，不能进行压力加工，工业上较少直接使用白口铸铁制造零件。图 3-8 所示分别为共晶白口铸铁、亚共晶白口铸铁、过共晶白口铸铁的室温平衡组织。图 3-8a 中共晶白口铸铁的组织为低温莱氏体（L'd），其形态为短棒状或点状组织；图 3-8b 中亚共晶白口铸铁的组织为低温莱氏体（L'd）上分布着黑色或片状的珠光体（P）和沿珠光体分布的白色二次渗碳体（$Fe_3C_{\rm II}$）；图 3-8c 中过共晶白口铸铁的组织为短棒状或点状的低温莱氏体（L'd）和白色长条状的一次渗碳体（$Fe_3C_{\rm I}$）。

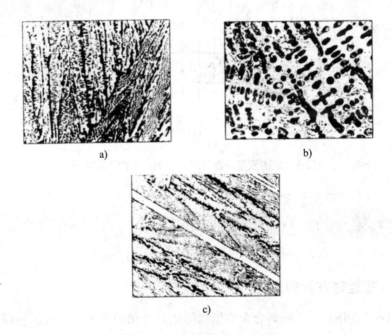

图 3-8　白口铸铁的显微组织

a）共晶白口铸铁　b）亚共晶白口铸铁　c）过共晶白口铸铁

三、铁碳合金成分、组织、性能之间的关系

由 $Fe-Fe_3C$ 相图可知，合金的成分决定了组织，而组织又决定了合金的性能。在室温下，任意成分的铁碳合金室温组织尽管都由铁素体和渗碳体两相组成，但成分（含碳量）不同，组织中两个相的相对数量、分布及形态也不同，因而不同成分的铁碳合金具有不同的组织和性能。

对碳素钢而言，随着碳含量的增加，其组织变化为 $F + P \rightarrow P \rightarrow P + Fe_3C_{\rm II}$，即随碳含量的增加，其室温组织中铁素体的相对量减少，而渗碳体的相对量增加，从而使钢的强度、硬度增加，塑性、韧性下降。应该注意的是，在过共析钢中碳的质量分数超过一定值时[$w(C)$达到0.9%]，渗碳体以连续网状分布，将使钢的脆性增加、强度降低。碳的质量分数对退火态钢力学性能的影响如图3-9所示。

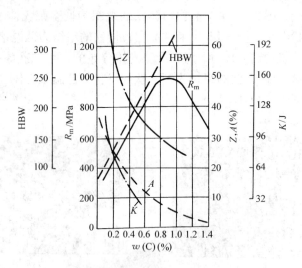

图3-9　碳的质量分数对退火态钢力学性能的影响

◇◇◇ 第三节　Fe-Fe₃C 相图的应用

一、在选材方面的应用

Fe-Fe₃C 相图揭示了铁碳合金的组织随成分变化的规律，由组织可以判断出钢铁材料的力学性能，以便合理地选用钢铁材料。例如，用于建筑结构的各种型钢，需要具备良好的塑性、韧性，应选用$w(C) < 0.25\%$的低碳成分的钢材；机械工程中的各种轴、齿轮等受力较大的零件，需要兼有高的强度、塑性和韧性，应选用$w(C) = 0.30\% \sim 0.55\%$的中碳成分的钢材；各种工具要求具备高的硬度、耐磨性，多选用$w(C) = 0.70\% \sim 1.2\%$的碳含量高的钢材。

二、在制订热加工工艺方面的应用

1. 在铸造方面的应用

从 Fe-Fe₃C 相图可以看出，共晶成分的铁碳合金熔点最低，结晶温度范围最小，具有良好的铸造性能。因此，铸造生产中多选用接近共晶成分的铸铁。根据

Fe-Fe$_3$C 相图可以确定铸铁的浇注温度，一般在液相线以上 50～100℃，如图 3-10 所示。铸钢 [$w(C)$ =0.15%～0.6%] 的熔化温度和浇注温度要比铸铁高得多，其铸造性能较差，铸造工艺也较复杂。

2. 在压力加工方面的应用

由 Fe-Fe$_3$C 相图可知，钢在高温时处于奥氏体状态，而奥氏体的强度较低，塑性好，有利于进行塑性变形。因此，钢材的锻造、热轧温度均选择在单相奥氏体的高温范围内进行。

钢的始锻温度控制在固相线以下 100～200℃。如果始锻温度过高，则钢材易发生严重氧化或奥氏体晶界熔化现象；如果始锻温度过低，则会因钢材塑性差而发生锻裂或轧裂现象。

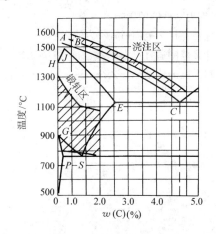

图 3-10　Fe-Fe$_3$C 相图与铸、锻工艺的关系

终锻温度可根据钢种和加工目的进行选择。对于亚共析钢，其终锻温度多数情况下控制在 GS 线附近，以免铁素体晶粒粗大并呈带状分布于组织中，使钢的韧性降低。对于过共析钢，其终锻温度应控制在 PSK 线以上，以便把呈网状析出的二次渗碳体打碎。钢的终锻（轧）温度不能太高，否则会使热加工后的组织粗大，一般始锻（轧）温度为 1 150～1 250℃，终锻（轧）温度为 750～850℃。Fe-Fe$_3$C 相图与铸、锻工艺的关系如图 3-10 所示。

3. 在热处理方面的应用

Fe-Fe$_3$C 相图对制订热处理工艺有着特别重要的意义。热处理是在固态下进行的，所以发生的是固态相变。在制订热处理工艺时，主要应用的是 Fe–Fe$_3$C 相图的左下角部分，所涉及的相变线主要有 A_1、A_3、A_{cm} 线。钢热处理时的加热温度都要根据 Fe-Fe$_3$C 相图确定，这将在第四章中详细介绍。

复习思考题

1. 铁碳合金的基本组织有哪几种？分别说明它们的性能特征。
2. Fe-Fe$_3$C 相图中各特性点、特性线有何意义？
3. 珠光体是如何得到的？
4. 钢与白口铸铁的组织和性能有何本质的区别？
5. 为什么钢可以锻造而铸铁则不能锻造？
6. 铁碳合金在常温下的基本组成相为哪两个？
7. 为什么不同成分的铁碳合金性能不同？
8. 快速冷却时能用 Fe-Fe$_3$C 相图判断组织转变情况吗？
9. 试述碳含量变化对钢力学性能的影响。
10. 铸铁的化学成分选择在什么范围适宜？为什么？
11. 锻造温度选择在什么范围适宜？为什么？
12. 确定热处理时加热温度的依据是什么？

第 四 章

钢的热处理

培训学习目标 了解钢在加热和冷却时的组织转变特点，掌握钢的退火、正火、淬火和回火知识；熟悉钢的表面热处理、化学热处理知识；了解热处理新技术、金属的表面防护与装饰知识。

◈◈◈ 第一节 概 述

钢的热处理是将钢在固态下以一定的方式进行加热、保温，然后采取合适的方式冷却，让其获得所需要的组织和性能的工艺。

热处理是一种改善钢材使用性能和工艺性能的重要工艺。通过恰当的热处理，可以充分挖掘材料的潜力，从而减少零件的重量，提高产品质量，延长产品使用寿命。例如，只有通过热处理，锉刀才能更好地锉削工件，车刀才能更好地切削工件，火车的轮子才能更耐磨，火星探测器上用形状记忆合金制成的天线才能在进入轨道后打开……所以，在日常生活、工业制造、医药、通信、国防乃至航空航天领域，热处理都有着极其重要的作用。

根据加热、保温和冷却工艺方法的不同，热处理工艺大致分类如下（GB/T 12603—2005）：

（1）整体热处理 其特点是对工件整体进行穿透加热，常用的方法有退火、正火、淬火、回火等。

（2）表面热处理 其特点是仅对工件的表面进行热处理，常用的方法有表面淬火和回火（如感应淬火）、气相沉积等。

（3）化学热处理 其特点是改变工件表层的化学成分、组织和性能，常用的方法有渗碳、渗氮、碳氮共渗、氮碳共渗、渗金属、多元共渗等。

随着科学的发展，还将产生多种新的热处理工艺，但任何热处理工艺一般都可归纳为由加热、保温和冷却三个阶段组成的工艺过程，可用温度-时间坐标图表示，如图4-1所示。

钢在固态下进行加热、保温和冷却时将发生组织转变。当钢在缓慢加热或冷却时，其固态下的临界点分别用Fe-Fe₃C相图中的平衡线A_1（PSK线）、A_3（GS线）、A_{cm}（ES线）表示。但在实际加热和冷却时，发生组织转变的临界点都要偏离平衡临界点，并且加热和冷却速度越快，其偏离的程度越大。为区别平衡临界点，实际加热时的临界点分别用Ac_1、Ac_3、Ac_{cm}表示，实际冷却时的临界点分别用Ar_1、Ar_3、Ar_{cm}表示，如图4-2所示。

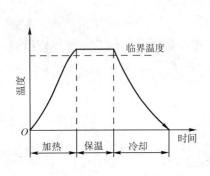

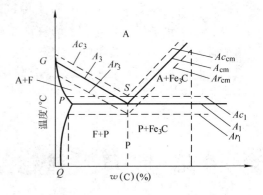

图4-1　热处理基本工艺曲线示意图　　　图4-2　钢在加热和冷却时各临界点的实际位置

◆◆◆ 第二节　钢在加热和冷却时的组织转变

在热处理过程中，由于加热、保温和冷却方式的不同，可以使钢发生不同的组织转变，从而可根据实际需要获得不同的性能。

一、钢在加热与保温时的组织转变

由图4-2可知，钢在加热到临界转变温度Ac_1以上时，将开始发生奥氏体转变，首先由珠光体转变成奥氏体（P→A）；加热至Ac_3或Ac_{cm}时，亚共析钢中的铁素体或过共析钢中的二次渗碳体将溶入奥氏体（F→A或Fe₃C$_{II}$→A）。这种奥氏体组织的形成过程称为奥氏体化。

1. 奥氏体的形成过程

以共析钢为例，共析钢组织在A_1以下时为珠光体（铁素体和渗碳体组成的机械混合物）；加热至Ac_1以上时，珠光体将转变为奥氏体，其转变过程遵循形核和长大的基本规律。奥氏体的形成过程可归纳为三个阶段：

（1）奥氏体晶核的形成和长大 当共析钢加热到临界转变温度 Ac_1 以上时，优先在片层状珠光体中铁素体和渗碳体两相界面处形成奥氏体晶核。这是由于相界处原子排列紊乱，处于高能量的不稳定状态，而且相界处的碳含量介于铁素体和渗碳体之间，更接近于奥氏体。

随后，通过铁素体晶格的改组、渗碳体的溶解和碳在奥氏体中的扩散等过程，奥氏体晶核不断长大，与此同时，又有新的奥氏体晶核形成并长大，直至珠光体消失，如图4-3a、b所示。

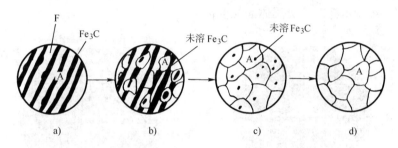

图4-3 共析钢加热时组织转变示意图
a）奥氏体形核 b）奥氏体长大
c）残余渗碳体溶解 d）奥氏体均匀化

（2）残余渗碳体的溶解 因为奥氏体与渗碳体的晶格和碳含量差异较大，所以当珠光体中的铁素体全部消失时，仍有未溶的渗碳体存在，这部分残余渗碳体只有在继续加热或保温时，通过碳化物中碳原子向奥氏体中扩散以及 Fe_3C 向奥氏体的晶格改组，才能使其逐渐溶解，如图4-3c所示。

（3）奥氏体均匀化 当残余渗碳体刚刚完全溶入奥氏体时，奥氏体内的碳浓度分布是不均匀的，渗碳体的区域碳浓度较高，铁素体的区域碳浓度较低。这种碳浓度的不均匀性随加热速度增大而愈加严重，只有经继续保温或继续加热，借助于碳原子的充分扩散，才能使整个奥氏体中碳的分布趋于均匀，如图4-3d所示。因此，钢在加热时需要一定的保温时间，这不仅是为了使零件热透，更主要是为了使奥氏体成分均匀化，以便冷却后得到更好的组织和性能。

以上是共析钢的奥氏体化过程。由图4-2可知，亚共析钢和过共析钢在加热到 Ac_1 时，组织中仅有珠光体向奥氏体转变，属于不完全奥氏体化，分别获得"A+F"和"$A+Fe_3C_{II}$"，这种加热方法在热处理中也常有应用；只有加热至 Ac_3 或 Ac_{cm} 时，才能完成奥氏体化。

2. 奥氏体的晶粒大小及影响因素

要特别指出的是，钢在加热时的组织转变主要是奥氏体化。研究表明，钢的奥氏体化程度对钢的冷却组织和性能有着很大的影响。一般情况下，奥氏体的晶粒越细小、越均匀，冷却后的室温组织就会越细密，其强度、塑性和韧性比较高，尤其对淬火钢回火后的韧性具有很大影响。因此，一般热处理时，在加热和保温后都希望获得细小、均匀的奥氏体晶粒。评价钢的奥氏体化程度的一个重要指标是奥氏体的晶粒度。

（1）奥氏体晶粒度　晶粒度是指多晶体内晶粒的大小，可以用晶粒号、晶粒平均直径、单位面积或单位体积内晶粒的数目来表示。实际测量时，一般采用放大100倍的组织与标准晶粒号图片对比的方法来判定晶粒度。

一般将奥氏体晶粒分为8个等级，其中1～4级为粗晶粒，5～8级为细晶粒。图4-4所示为部分奥氏体晶粒度标准图片。

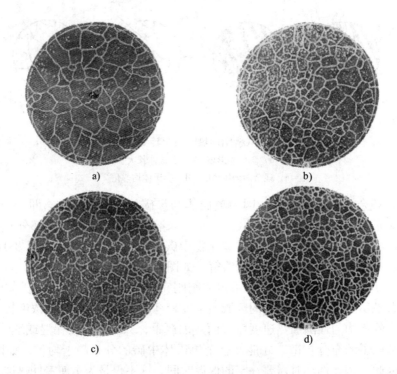

图4-4　部分奥氏体晶粒度标准图片
a）4级晶粒　b）5级晶粒　c）6级晶粒　d）7级晶粒

实践证明，不同成分的钢在加热时奥氏体晶粒的长大倾向是不同的，如图4-5所示。有些钢随加热温度的升高，奥氏体晶粒迅速长大，称这种钢为本质粗晶粒钢；而有些钢的奥氏体晶粒则不易长大，称为本质细晶粒钢。奥氏体晶粒的长大倾向主要与钢的化学成分有关，一般沸腾钢为本质粗晶粒钢，镇静钢为本质细晶粒钢。

（2）影响奥氏体晶粒度的主要因素

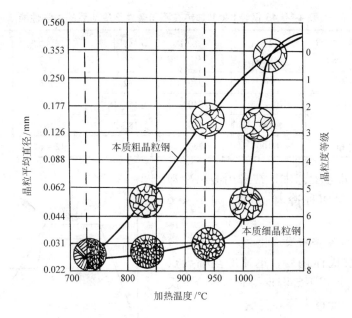

图 4-5　加热温度对奥氏体晶粒度的影响

1）热处理工艺参数：加热速度越慢、加热温度越高、保温时间越长，奥氏体晶粒长得越大，其中加热温度对奥氏体晶粒大小的影响最为显著。

2）钢的化学成分：大多数合金元素（锰和磷除外）均能不同程度地阻止奥氏体晶粒的长大，特别是与碳结合能力较强的碳化物形成元素（如铬、钼、钨、钒等）及与氮结合能力较强的氮化物形成元素（如铌、钒、钛等），会形成难熔的碳化物和氮化物颗粒，弥散分布于奥氏体晶界上，阻碍奥氏体晶粒的长大。因此，大多数合金钢、本质细晶粒钢热处理后的晶粒一般较细。

3）原始组织：钢的原始晶粒越细，热处理加热后的奥氏体晶粒越细。

由以上分析可知，为使热处理加热时奥氏体组织细小、均匀，以提高材料的性能，应控制热处理的加热温度、保温时间，并选择化学成分和原始组织合适的钢材。

二、钢在冷却时的组织转变

钢经加热保温获得奥氏体后，冷却降至 A_1 以下时，过冷奥氏体（A_1 以下温度存在的不稳定奥氏体）将发生组织转变。Fe-Fe$_3$C 相图虽然揭示了在缓慢加热或冷却条件下，钢的成分、温度和组织之间的变化情况，但是不能表示实际热处理冷却条件下钢的组织转变规律。

热处理时采用不同的冷却方式，钢可转变为具有不同性能的多种组织。45钢经 840℃ 加热在不同条件下冷却后的力学性能见表 4-1。

表4-1 45钢经840℃加热在不同条件下冷却后的力学性能

力学性能 冷却方法	抗拉强度 /MPa	屈服强度 /MPa	断后伸长率 （%）	断面收缩率 （%）	硬度 HRC
随炉冷却	530	280	32.5	49.3	15～18
空气中冷却	670～720	340	15～18	45～50	18～24
油中冷却	900	620	18～20	48	40～50
水中冷却	1 100	720	7～8	12～14	52～60

在热处理工艺中，常采用等温冷却和连续冷却两种冷却方式，如图4-6所示。

1. 等温冷却转变

钢经奥氏体化后，迅速冷至临界点（Ar_1 或 Ar_3）以下等温保持时，过冷奥氏体发生的转变称为等温转变。

综合反映过冷奥氏体在不同过冷度下等温温度、保持时间与转变产物所占的百分数（转变开始及转变终止）的关系曲线称为过冷奥氏体等温转变图（简

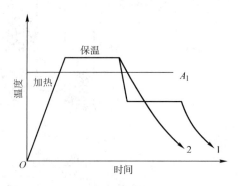

图4-6 两种冷却方式示意图
1—等温冷却 2—连续冷却

称为等温转变图）。由于等温转变图通常呈"C"形状，所以俗称为C曲线。等温转变图是用于分析钢在 A_1 线以下不同温度进行等温转变所获产物的重要工具。

（1）等温转变图的建立 钢的等温转变图是用实验方法建立的，如采用金相法、膨胀法、磁性法、电阻法和热分析法等。下面以共析钢为例来说明金相法等温转变图的建立过程。如图4-7所示，测量步骤如下：

1）将共析钢制成若干组小试片，同时加热到奥氏体区域，保温一定时间。

2）将奥氏体化的小试片分别迅速投入不同温度（如700℃、650℃、600℃、550℃、450℃、350℃、200℃……）的恒温盐浴中等温。

3）测出并记录在不同温度下等温时，过冷奥氏体转变开始和转变终了所需时间。

4）将测出的数据描绘在温度-时间坐标系中，并将转变开始点和转变终了点分别用光滑曲线连接起来，这样就得到了共析钢过冷奥氏体等温转变图。

（2）等温转变图分析 图4-7b为共析钢等温转变图，其中 aa' 线为过冷奥氏体转变开始线，bb' 线为过冷奥氏体转变终了线；A_1 线为相变临界温度线，Ms 线与 Mf 线分别为马氏体开始转变温度线与转变终了温度线。

A_1 线以上为奥氏体稳定存在区域，aa' 线以左为过冷奥氏体区，bb' 线以右为

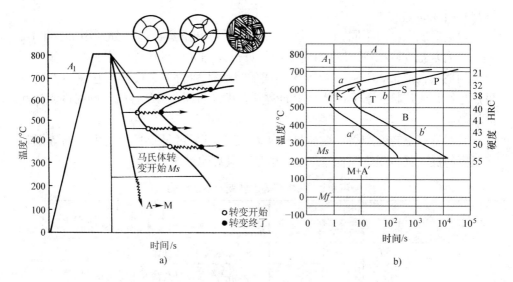

图4-7　共析钢等温转变图及其建立示意图

a）共析钢奥氏体等温转变图建立示意图　b）共析钢等温转变图

转变产物区，*aa′*线与*bb′*线之间是过冷奥氏体与转变产物共存区，*Ms*线与*Mf*线之间为过冷奥氏体转变为马氏体区。

过冷奥氏体在各个温度等温转变时并不是立即发生组织转变，而是都需经历一段"孕育期"（从到达该温度至开始发生组织转变所经历的时间）。孕育期越长，过冷奥氏体越稳定；反之，则越不稳定。显然，过冷奥氏体在不同温度下的稳定性是不同的。在等温转变曲线的"鼻尖"处（约550℃），其孕育期最短，此时过冷奥氏体最不稳定，最容易转变；在A_1线稍下和*Ms*线稍上温度时，过冷奥氏体最稳定，孕育期最长。

（3）过冷奥氏体等温转变产物及性能　过冷奥氏体等温转变的温度区间不同，其转变产物也不同。通常在*Ms*线以上，可发生以下两种类型的转变：

1）珠光体型转变：温度范围为A_1~550℃，也称过冷奥氏体的高温转变。在此温度范围内等温时，过冷奥氏体分解为铁素体和渗碳体混合而成的片层状组织。实验表明，珠光体型转变温度越低，转变产物的片层间距越小。按片层间距由粗到细，其转变组织分别称为珠光体、索氏体和托氏体，分别用符号P、S和T表示。

珠光体型组织具有一定的强度、硬度和韧性，其力学性能与珠光体片层间距有关，片层间距越小，则塑性变形抗力越大，强度和硬度越高，塑性也有所改善。

2）贝氏体型转变：温度范围为550℃~*Ms*，也称为过冷奥氏体的中温转变。此温度下过冷奥氏体转变为贝氏体型组织。贝氏体型组织是由过饱和的铁素体和碳化物组成的。

根据形成温度的不同，贝氏体分为上贝氏体和下贝氏体，分别用 $B_上$ 和 $B_下$ 表示。通常把 $550 \sim 350℃$ 范围内形成的贝氏体称为上贝氏体，它在金相显微镜下呈羽毛状；把 $350℃ \sim Ms$ 范围内形成的贝氏体称为下贝氏体，它在显微镜下呈黑色针状或片状。下贝氏体组织通常具有优良的综合力学性能，即强度和韧性都较高。

共析钢等温转变产物及性能见表4-2。由表4-2可见，过冷奥氏体的等温转变温度越低，其转变组织就越细小，强度、硬度也就越高。

表4-2 共析钢等温转变产物及性能

转变类型	转变温度/℃	转变产物	符号	显微组织特征	硬度 HRC
高温转变	$Ac_1 \sim 650$	珠光体	P	粗片状铁素体与渗碳体混合物	< 25
	$650 \sim 600$	索氏体	S	600倍光学金相显微镜下才能分辨的细片状珠光体	$25 \sim 35$
	$600 \sim 550$	托氏体	T	在光学金相显微镜下已无法分辨的极细片状珠光体	$35 \sim 40$
中温转变	$550 \sim 350$	上贝氏体	$B_上$	羽毛状组织	$40 \sim 45$
	$350 \sim Ms$	下贝氏体	$B_下$	黑色针状或称竹叶状组织	$45 \sim 55$

（4）亚共析钢和过共析钢的等温转变图 亚共析钢和过共析钢的等温转变图与共析钢等温转变图的区别是在等温转变曲线的上方各增加了一条线。在亚共析钢等温转变曲线中，该线表示先共析铁素体线，如图4-8a所示；对于过共析钢，该线则是先共析渗碳体线，如图4-8b所示。

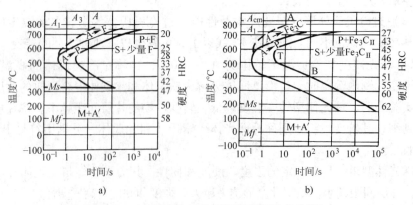

图4-8 亚共析钢和过共析钢的等温转变曲线
a）亚共析钢的等温转变曲线 b）过共析钢的等温转变曲线

2. 连续冷却转变

实际进行的热处理常常是在连续冷却条件下进行的，过冷奥氏体在一个温度范围内发生连续转变，此时往往几种转变重叠出现，得到的组织常常是不均匀的和复杂的。由于连续冷却转变曲线的测定较为困难，而连续冷却转变可以看作是由许多温度相差很小的等温转变过程所组成的，所以连续冷却转变得到的组织可认为是不同温度下等温转变产物的混合物。故生产中常用等温转变曲线近似地分析连续冷却过程。

（1）等温转变曲线在连续冷却转变中的应用 图 4-9 所示为在共析钢的等温转变图上估计连续冷却时的转变情况。图 4-9 中冷却速度 v_1（炉冷）、v_2（空冷）、v_3（油冷）、v_4（水冷）代表热处理中四种常用的连续冷却方式，其中 $v_1 < v_2 < v_3 < v_4$。

冷却速度 v_1 比较缓慢，相当于随炉冷却（退火的冷却方式），它分别

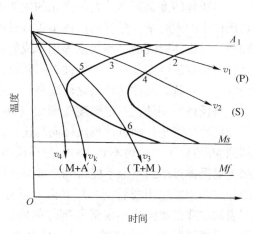

图 4-9 在等温转变曲线上估计
连续冷却时的组织转变

与等温转变曲线的转变开始线和转变终了线相交于 1、2 点，这两点位于等温转变曲线上部珠光体转变区域，估计它的转变产物为珠光体，硬度为 170 ~ 220HBW。

冷却速度 v_2 相当于在空气中冷却（正火的冷却方式），它分别与等温转变曲线的转变开始线和转变终了线相交于 3、4 点，位于等温转变曲线珠光体转变区域中下部分，故可判断其转变产物为索氏体，硬度为 25 ~ 35HRC。

冷却速度 v_3 相当于在油中冷却（在油中淬火的冷却方式），与等温转变曲线的转变开始线交于 5、6 点，没有与转变终了线相交，所以仅有一部分过冷奥氏体转变为托氏体，其余部分在冷却至 Ms 线以下时转变为马氏体组织，因此，转变产物应是托氏体和马氏体的混合组织，硬度为 45 ~ 55HRC。

冷却速度 v_4 相当于在水中冷却（在水中淬火的冷却方式），它不与等温转变曲线相交，过冷奥氏体将直接冷却至 Ms 以下进行马氏体转变，最后得到马氏体和残留奥氏体组织，硬度为 55 ~ 65HRC。

冷却速度 v_k 与等温转变曲线的转变开始线相切，这时过冷奥氏体不发生分解，全部过冷到 Ms 线以下，为马氏体转变所需要的最小冷却速度，称为马氏体临界冷却速度。

（2）马氏体转变 过冷奥氏体在 Ms 线以下发生的转变称马氏体转变。马氏

体转变通常在连续冷却时进行。

马氏体转变属于过冷奥氏体的低温转变，抑制了过冷奥氏体的分解，转变只通过晶格改组而无成分变化，即奥氏体中固溶的碳全部保留在马氏体点阵之中。这种碳在 α-Fe 中的过饱和固溶体称为马氏体，用符号"M"表示。

马氏体转变是钢件热处理强化的主要手段。马氏体的强度和硬度主要取决于马氏体中的碳含量。随着马氏体中碳含量的提高，其强度与硬度也随之提高。低碳钢、马氏体时效钢、不锈钢等钢形成的马氏体组织通常呈板条状，其性能特点是具有良好的强度及一定的韧性；高碳钢及高镍的 Fe-Ni 合金形成的马氏体组织通常呈针叶状，其性能特点是硬度高、脆性大。

马氏体转变是在一定温度范围内（$Ms \sim Mf$）连续冷却时进行的，一旦在此范围内冷却终止，则过冷奥氏体向马氏体的转变也停止。在很多情况下，即使冷却到 Mf 点以下，也得不到 100% 的马氏体，因此马氏体转变具有不完全性。如果把奥氏体过冷到室温不能得到全部马氏体，而是保留一定量的奥氏体，这种在冷却过程中发生相变后仍在环境温度下存在的奥氏体称为残留奥氏体，用符号 A′表示。残留奥氏体不仅降低钢件的硬度和耐磨性，而且影响钢件的尺寸稳定性。要使残留奥氏体继续向马氏体转变，就要将淬火钢继续冷却至室温以下（如冰柜可冷却至 0℃ 以下；干冰 + 酒精可冷却至 -78℃；液氮可冷却至 -183℃），这种处理方法叫做冷处理。精密刀具、精密量具、精密轴承、精密丝杠等一些对尺寸精度要求高的工件均应在淬火后进行冷处理。

同时，马氏体转变的速度极快，一般不需要孕育期。由于马氏体的比体积[○] 比奥氏体的比体积大，马氏体转变会引起钢的体积膨胀，同时，马氏体转变通常是在较大的冷却速度下完成的，钢件内外温差大，所以会产生很大的内应力，这是导致淬火钢出现变形和开裂的主要原因，应引起足够的重视。

◈◈◈ 第三节　钢的退火和正火

按热处理在工件加工工序中所处的位置不同，钢的热处理分为预备热处理和最终热处理。为了消除制造毛坯时产生的内应力，细化晶粒，均匀组织，减少原始组织缺陷，改善切削加工性能，为最终热处理做组织准备而进行的热处理称为预备热处理；为使工件满足使用条件下的性能要求而进行的热处理称为最终热处理。

通常，退火和正火多用于预备热处理。但对于一些受力不大、性能要求不高的机器零件，退火和正火也可作为最终热处理。

○ 比体积是单位质量物质所占的容积，用 v 表示，单位为 m^3/kg。

一、退火

退火就是将工件加热到适当的温度，保持一定时间，然后缓慢冷却的热处理工艺。其主要目的是降低硬度，去除内应力，均匀钢的化学成分和组织，细化晶粒，提高塑性，改善切削加工性能，为最终热处理做好组织准备。

生产中退火工艺得到广泛应用。以滚动轴承的生产为例，从钢坯到成品之间要经过均匀化退火、预防白点退火、球化退火、去应力退火等多道工序。退火工艺多样，需根据工件的退火目的和要求而灵活选用。常用的退火工艺有以下几种：

1. 完全退火

将工件加热至完全奥氏体化后缓慢冷却，获得接近平衡组织的退火工艺称为完全退火。亚共析钢完全退火的加热温度为 Ac_3 以上 $20 \sim 30℃$。完全退火可使钢件降低硬度，提高塑性，细化晶粒，改善切削加工性能。30 钢铸态和完全退火后的性能比较见表4-3。

表4-3　30 钢铸态和完全退火后的性能比较

状　态	铁素体晶粒尺寸/mm	抗拉强度/MPa	屈服强度/MPa	断后伸长率（%）	断面收缩率（%）
铸造状态	7.5×10^{-5}	473	230	14.6	17.0
850℃退火后	1.4×10^{-5}	510	280	22.5	29.0

过共析钢一般不宜进行完全退火。将过共析钢加热至 Ac_{cm} 以上完全奥氏体化后，在随后的缓慢冷却过程中将会有网状二次渗碳体析出，使钢的强度、塑性和韧性降低。

2. 等温退火

将工件加热至 Ac_3 或 Ac_1 以上的温度，保持适当时间后，以较快速度冷却到珠光体转变温度区间的某一温度并等温保持，使奥氏体转变为珠光体类组织后在空气中冷却的工艺称为等温退火。等温退火的作用与完全退火相同。但其工艺周期短，组织转变比较均匀一致，因此特别适用于大件及合金钢件的退火。

3. 球化退火

为了使钢中碳化物球状化而进行的退火称为球化退火。其工艺过程是将钢加热到 Ac_1 以上 $20 \sim 30℃$，保温一定时间，然后缓慢冷却至 Ar_1 以下 $20℃$ 左右等温一段时间，随后空冷。球化退火工艺曲线如图4-10所示。

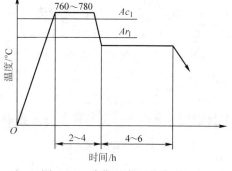

图4-10　球化退火工艺曲线

与片状碳化物组织相比，球状碳化物可以改善钢的塑性与韧性，降低硬度，改善切削加工性能和降低最终热处理时的变形开裂倾向。细小均匀、圆形的碳化物，将使钢的耐磨性、接触疲劳强度和断裂韧性得到改善和提高。

若共析钢中存在网状二次渗碳体的组织，则应先进行正火，消除网状组织，然后再进行球化退火。

4. 去应力退火

将工件加热到 500~600℃，并保温一定时间，缓慢冷却至300~200℃以下空冷，消除工件因塑性变形加工、切削加工或焊接造成的残余应力及铸件内存在的残余应力而进行的退火，称为去应力退火。由于去应力退火温度低于 A_1 线，因此退火过程中不发生相变。

去应力退火主要用于消除铸件、锻件、焊接件和冷冲压件的残余应力。例如，去应力退火不仅可以消除焊接件的焊缝处由于组织不均匀而存在的内应力，而且能有效提高焊接接头的强度，防止焊接工件变形和开裂。

二、正火

将工件加热奥氏体化后在空气中冷却的热处理工艺称为正火。正火工艺的加热温度要求足够高，一般要求得到均匀的单相奥氏体组织。亚共析钢的加热温度为 Ac_3 以上 30~50℃，过共析钢为 Ac_{cm} 以上 30~50℃。

正火与退火工艺的区别是正火的冷却速度稍快，得到的组织较细小，强度和硬度较高，同时操作简便，生产周期短，成本低。因此，正火是一种广泛采用的预备热处理工艺。它主要应用于以下几个方面：

1）低、中碳钢和低合金结构钢铸件、锻件，通过正火处理，可以消除应力，细化晶粒，改善切削加工性能，并可为最终热处理做组织准备。

2）中碳结构钢铸件、锻件及焊接件，在铸、锻、焊过程中容易出现粗大晶粒和其他组织缺陷，通过正火处理可以消除这些组织缺陷，并能细化晶粒、均匀组织、消除内应力。

3）消除过共析钢中的网状渗碳体，为球化退火做组织准备。例如，工具钢和轴承钢中有网状渗碳体时，可通过正火消除。

4）作为普通结构零件的最终热处理。一些受力不大，只需一定的综合力学性能的结构件，采取正火就能满足其使用性能要求，如 55 钢制喷油器体等。

图 4-11 所示为各种退火和正火的加热温度范围和工艺曲线。常用结构钢和工具钢的退火与正火工艺规范分别见附录 A 和附录 B。

三、退火、正火的选用

退火和正火都是预备热处理工艺，其目的也几乎相同，在实际生产应用中选

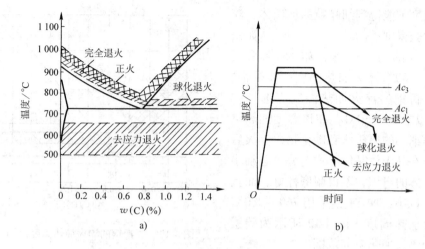

图 4-11　各种退火和正火的加热温度范围和工艺曲线
a）加热温度范围　b）工艺曲线

择时，应注意以下几方面：

（1）切削加工性能　碳的质量分数低于 0.5% 的钢，通常采用正火；碳的质量分数为 0.5% ~ 0.75% 的钢，一般采用完全退火；碳的质量分数高于 0.75% 的钢或高合金钢均应采用球化退火。

（2）使用性能　由于正火处理比退火处理具有更好的力学性能，因此，若正火和退火都能满足使用性能要求，则应优先采用正火。对于形状复杂或尺寸较大的工件，因正火可能产生较大的内应力，导致变形和裂纹，故宜采用退火。

（3）经济性　由于正火比退火生产周期短，效率高，成本低，操作简便，因此，应尽可能地优先采用正火。

◆◆◆ 第四节　钢的淬火和回火

一、钢的淬火

将工件加热奥氏体化后以适当的方式冷却获得马氏体或（和）贝氏体组织的热处理工艺，称为淬火。淬火是强化钢材的重要手段，通常需与回火配合使用以满足各类零件或工具的使用性能要求。

1. 淬火工艺

（1）淬火加热参数的确定　淬火加热温度的选择应以 Fe-Fe$_3$C 相图中钢的临界温度作为主要依据。亚共析钢的淬火加热温度应选择在 Ac_3 以上 30 ~ 50℃，在该温度下能得到细晶粒的奥氏体，淬火后获得细小的马氏体组织，从而获得较好的力学性能，如45钢采用830～850℃淬火加热温度；共析钢、过共析钢的淬火加热温度应选择在Ac_1以上30～50℃，在该温度加热可获得细小的奥氏体和碳化物，淬火后获得在马氏体基体上均匀分布着细小渗碳体的组织，不仅耐磨性好，而且脆性也小，如T8钢采用760～780℃淬火加热温度。图4-12所示为碳素钢的淬火加热温度范围。

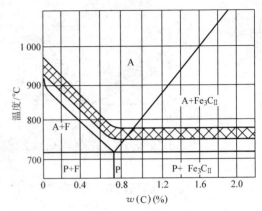

图4-12　碳素钢的淬火加热温度范围

淬火加热速度和淬火加热保温时间也是淬火加热的两个重要参数。对形状复杂、要求变形小或用高合金钢制成的工件、大型合金钢锻件，必须限制加热速度，以减少淬火变形及开裂倾向，而形状简单的碳素钢、低合金钢，则可快速加热。加热保温时间主要取决于材料本身的导热性、工件的外形尺寸、奥氏体化时间，同时还要注意碳化物、合金元素溶解的难易程度以及钢的过热倾向，如某些钢为缩短高温加热时间及减小内应力而进行分段预热。

(2) 淬火冷却介质　淬火冷却介质是在淬火工艺中所采用的冷却介质。淬火冷却介质的冷却能力只有保证工件以大于临界冷却速度的冷却速度冷却才能获得马氏体，但过高的冷却速度又会增加工件截面温差，使热应力与组织应力增大，容易造成工件淬火冷却变形和开裂。所以，淬火冷却介质的选择是个重要的问题。

钢的理想淬火冷却速度如图4-13所示。由图4-13可见，理想淬火冷却速度是：在过冷奥氏体分解最快的温度范围内（等温转变曲线鼻尖处）具有较大的冷却速度，以保证过冷

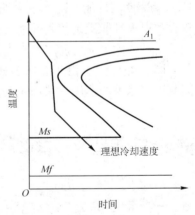

图4-13　钢的理想淬火冷却速度

奥氏体不分解为珠光体；在接近马氏体点时具有缓和的冷却速度，不致形成太大的淬火应力。由于各种钢的过冷奥氏体的稳定性不高，以及实际工件外形尺寸的差异，因此同时能适合各种钢材不同尺寸工件的淬火冷却介质是不现实的。

淬火冷却介质的种类很多，常用的有水、盐水、油、熔盐、空气等。各种淬火冷却介质的冷却能力用淬火烈度（H值）表示。其数值越大，表明该介质的

冷却能力越强。几种淬火冷却介质的冷却烈度值见表4-4。从表4-4可见，水和盐水的冷却能力最强，油的冷却能力较弱，空气的冷却能力最弱。为了改善冷却条件，提高冷却速度，一般淬火时工件或淬火冷却介质应进行运动。

表4-4　几种淬火冷却介质的冷却烈度 H 值

搅动情况	淬火冷却介质的冷却烈度 H			
	空气	油	水	盐水
静止	0.02	0.25 ~ 0.30	0.9 ~ 1.0	2.0
中等	—	0.35 ~ 0.40	1.1 ~ 1.2	—
强	—	0.50 ~ 0.80	1.6 ~ 2.0	—
强烈	0.08	0.8 ~ 1.10	4.0	5.0

（3）淬火方法　现代淬火工艺不仅有奥氏体化直接淬火，而且有能够控制淬火后组织性能及减小变形的各种淬火工艺，甚至可以把淬火冷却过程直接与热加工工序结合起来，如铸造淬火、锻后淬火、形变淬火等。淬火工艺方法应根据材料及其对组织、性能和工件尺寸精度的要求，在保证技术条件要求的前提下，充分考虑经济性和实用性来选择。图4-14所示为常用淬火方法。现将常用的几种淬火方法的工艺特点介绍如下：

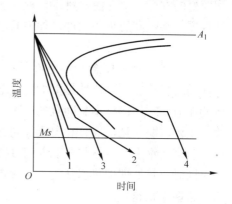

图4-14　常用淬火方法

1）单介质淬火：将奥氏体化的工件直接淬入单一淬火介质中连续冷却到室温的方法，称为单介质淬火，如图4-14中的曲线1所示。例如，水或盐水的冷却能力较强，所以适合于大尺寸、淬透性较差的碳钢件；油的冷却能力较弱，则适合于淬透性较好的合金钢件及小尺寸的碳钢件。单介质淬火工艺过程简单，操作方便，易于实现机械化和自动化。但由于采用一种冷却速度不变的介质，如水，钢件在马氏体转变时会产生较大的淬火应力，易出现淬火变形和开裂，所以单介质淬火只适用于形状简单的工件。

2）双介质淬火（双液淬火）：将工件加热到奥氏体化后，先淬入一种冷却能力强的介质中，在即将发生马氏体转变时立即淬入另一种冷却能力弱的介质中冷却的方法，称为双介质淬火，如图4-14中的曲线2所示。常用的双介质淬火方法有水-油淬、水-空气淬等。这种淬火方法的优点是既能保证获得马氏体，又降低了马氏体转变时的冷却速度，减小淬火应力。但在实际操作中有一定困难，主要是不容易控制从一种介质转入另一种介质的时间或温度。此方法主要适用于形状复杂的碳钢件及尺寸较大的合金钢件。

3）马氏体分级淬火（分级淬火）：钢经奥氏体化后先淬入温度稍高或稍低于其 Ms 点的液态介质（盐浴或碱浴）中，保持适当时间，使钢件的表面与心部温差减小，在工件整体达到介质温度后再取出空冷，获得马氏体组织的淬火方法，称为分级淬火，如图4-14中的曲线3所示。此方法可更有效地防止工件产生变形和开裂，而且在实际操作中由于已知 Ms 点而易于操作和控制。但由于适合此方法的淬火冷却介质的冷却能力有限，故其只适用于尺寸比较小的工件，如小尺寸的工模具。

4）贝氏体等温淬火（等温淬火）：将工件加热到奥氏体化后，快速冷却到贝氏体转变温度区间（260～400℃），保持一定时间，使奥氏体转变为下贝氏体组织的淬火工艺，称为贝氏体等温淬火，如图4-14中的曲线4所示。由于等温温度明显高于 Ms 点，且发生的是贝氏体转变，因此相变产生的内应力很小，避免了变形和开裂。另外，贝氏体等温淬火所得到的下贝氏体组织具有较高的硬度和较好的综合力学性能。所以，此工艺常用于形状复杂、尺寸要求精确，强度、韧性要求都很高的小型钢件，如模具、成形刃具和弹簧等。

2. 钢的淬透性

（1）淬透性的概念　淬透性是在规定条件下，钢试样淬硬深度和硬度分布表征的材料特性。淬透性是钢的主要热处理性能，表示钢在淬火时能够获得马氏体的能力。它是钢材本身固有的一种属性。钢的淬透性与过冷奥氏体的稳定性有关，主要取决于化学成分和奥氏体化条件。一般情况下，钢中合金元素的数量和种类越多，钢中的碳含量越接近于共析成分，则奥氏体越稳定，钢的淬透性越好。同时，热处理加热温度越高，保温时间越长，得到的奥氏体就会越稳定，钢的淬透性也就越好。

（2）淬透性的表示方法　淬透性可用规定条件下测得的淬硬层深度及分布曲线来表示。淬硬层深度一般是指从淬硬的工件表面至规定硬度（一般为550HV）处的垂直距离。测得的淬硬层深度越大，表明材料的淬透性越好。实际生产中还常用临界直径 d_c 表示材料的淬透性。临界直径是指工件在某种介质中淬火后，心部能淬透（心部获得全部或半马氏体组织）的最大直径。临界直径越大，钢的淬透性越好。几种常用钢的临界直径见表4-5。

表4-5　几种常用钢的临界直径

钢　号	$d_{c水}/mm$	$d_{c油}/mm$	心部组织
45	10～18	6～8	50% M
60	20～25	9～15	50% M
40Cr	20～36	12～24	50% M

（续）

钢　号	$d_{c水}/\mathrm{mm}$	$d_{c油}/\mathrm{mm}$	心　部　组　织
20CrMnTi	32～50	12～20	50% M
T8～T12	15～18	5～7	95% M
GCr15	—	30～35	95% M
9SiCr	—	40～50	95% M
Cr12	—	200	90% M

（3）淬透性的应用　钢的淬透性对合理选用钢材，正确制订热处理工艺，都具有非常重要的意义。例如，对于大截面、形状复杂和在动载荷下工作的工件，以及承受轴向拉压的连杆、螺栓、拉杆、锻模等要求表面和心部性能均匀一致的零件，应选用淬透性良好的钢材，以保证心部"淬透"；对于承受弯曲、扭应力（如轴类）以及表面要求耐磨并承受冲击力的模具，由于应力主要集中在表面，因此可不要求全部淬透，可选择淬透性差的钢材；焊接件一般不选用淬透性好的钢，否则会在焊接和热影响区出现淬火组织，造成焊件变形、开裂。

3. 淬火缺陷

在淬火时，由于操作不当而造成的常见缺陷有以下几种：

（1）淬火变形和开裂　由于淬火时马氏体转变伴随着体积变化，钢件淬火加热和快冷时各部分温度的不均匀，使钢出现较大的内应力，从而使钢件产生变形。当内应力超过钢件的强度极限时，在应力集中处将导致开裂。通过合理选材，改进结构设计，合理选择适当的淬火工艺（加热和冷却规范），可有效控制变形，预防开裂。

（2）硬度不足与软点　淬火后钢的整体硬度达不到淬火要求，称为硬度不足；其表面硬度出现局部小区域达不到淬火要求，称为软点。造成硬度不足和软点的主要原因是淬火加热不足、表面氧化脱碳和冷却速度不够等。

（3）过热和过烧　钢件加热时，由于温度过高，使其晶粒粗大以致性能显著降低的现象，称为过热。当钢件加热温度达到其液相线附近时，出现晶界氧化和部分熔化的现象，称为过烧。过热的工件其强度和韧性下降，易出现脆性断裂。轻微的过热可通过回火来补救，严重的过热需进行一次细化晶粒退火，然后再重新淬火；过烧则是无法补救的严重缺陷，过烧的工件只能报废。

此外，在淬火工艺中，在氧化性介质中加热会造成钢件氧化和脱碳，以及材料内在的冶金缺陷、选材不当、错料以及设计上的结构工艺性差等，也会造成一些淬火缺陷。

二、钢的回火

工件淬硬后再加热到 Ac_1 点以下某一温度，保温一定时间，然后冷却至室温的热处理工艺，称为回火。

1. 回火的目的

（1）减少或消除淬火冷却应力 钢淬火后存在着很大的淬火冷却应力，如不及时消除，往往会造成变形和开裂，使用时也易发生脆断。通过及时回火，可减少或消除内应力，以保证钢件正常使用。

（2）满足使用性能要求 钢淬火后硬度较高，脆性较大，韧性较差，为满足使用性能的要求，可通过回火来消除脆性，改善韧性，以获得所需要力学性能。

（3）稳定组织和尺寸 使亚稳定的淬火马氏体和残留奥氏体进一步转变成稳定的回火组织，从而稳定钢件的组织和尺寸。

2. 回火时的组织与性能的变化

钢淬火组织中的马氏体和残留奥氏体在室温下都处于亚稳定状态，都存在向稳定状态转变的趋向。回火是采用加热等手段，使亚稳定的淬火组织向相对稳定的回火组织转化的工艺过程。随着回火温度的不同，将发生以下转变：

（1）马氏体的分解 淬火钢回火加热到80～350℃时，马氏体中的过饱和碳会以极细微的过渡相碳化物（ε碳化物）析出，并均匀分布在马氏体基体中，使马氏体的过饱和度下降，形成回火马氏体。在此温度回火时，钢的淬火冷却应力减小，马氏体的脆性下降，但依然保持高硬度。

（2）残留奥氏体的分解 淬火钢回火加热到200～300℃范围时，残留奥氏体开始分解成下贝氏体或马氏体，其产物随即又分解成回火马氏体，因而淬火冷却应力进一步减小，硬度则无明显降低。

（3）渗碳体的形成 淬火钢回火加热到300～400℃范围内时，过渡相ε碳化物逐渐向渗碳体转变，并从过饱和马氏体中析出，形成更为稳定的碳化物。此时的组织由铁素体（其形态仍保留针状马氏体的形状）和极细小的碳化物组成，称为回火托氏体。此时淬火冷却应力基本消除，硬度降低。

（4）碳化物的聚集长大和α相的再结晶 淬火钢回火加热到400℃以上时，极细小的渗碳体颗粒将逐渐形成较大的粒状碳化物，并且铁素体（α相）将发生再结晶，其形态由针状转变为块状组织。这种由多边形铁素体和粗粒状碳化物组成的组织称为回火索氏体。此时淬火冷却应力完全消除，硬度明显下降。

淬火钢在不同温度回火时，将得到不同的组织，性能也将随之发生变化。性能变化的一般规律是：随回火温度的升高，钢的强度、硬度下降，塑性、韧性升高。淬火40钢的回火力学性能的变化规律如图4-15所示。值得注意的是淬火钢在250～350℃回火时，冲击吸收能量明显下降，出现脆性，这种现象称为不可逆回火脆性。一般应避开在该温度范围内回火。

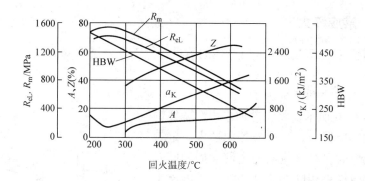

图 4-15　淬火 40 钢回火时的力学性能变化

3. 回火方法

在实际生产中，按回火温度的不同，通常将回火方法分为三类：

（1）低温回火（＜250℃）　低温回火得到回火马氏体（M回）组织。在保证淬火钢具有高硬度和高耐磨性的同时，低温回火可消除或减小淬火冷却应力，降低钢的脆性。低温回火主要用于要求硬而耐磨的滚动轴承、量具、刃具、冷作模具、渗碳淬火件等。这类钢经淬火、低温回火后，硬度一般为 58～64HRC。

（2）中温回火（350～500℃）　中温回火得到回火托氏体（T回）组织，可获得高的弹性极限、屈服强度和韧性。中温回火主要用于弹性零件、热锻模具等，经淬火、中温回火后，硬度为 35～50HRC。

（3）高温回火（＞500℃）　高温回火得到回火索氏体（S回）组织，获得良好的综合力学性能。淬火加高温回火的复合热处理工艺称为调质处理。调质处理主要用于要求具有良好综合力学性能，硬度为 200～350HBW 的各种重要结构零件，如螺栓、连杆、齿轮及轴类等。

常用钢的回火温度与硬度对照表见附录 C。

◇◇◇ 第五节　钢的表面热处理

钢的表面热处理是指仅对钢件表面进行热处理，以改变表面层组织，满足使用性能要求的热处理工艺。与整体热处理相比，钢的表面热处理具有工艺简单、热处理变形小、设备机械化和自动化程度高等优点，特别适合于在扭转、弯曲等动载荷（或交变载荷）下承受摩擦及冲击要求的，表面具有较高硬度和耐磨性、心部具有一定强度的零件，如齿轮、活塞销、曲轴、凸轮等。

表面淬火是表面热处理中最常用的方法，是强化材料表面的重要手段。常用的表面淬火方法有感应淬火和火焰淬火。

一、感应淬火

利用感应电流通过工件所产生的热量，使工件表层、局部或整体加热并快速冷却的工艺，称为感应淬火。

1. 感应淬火的基本原理

如图4-16所示，将工件放在由薄壁纯铜管绕成的感应器中，当感应器中通入一定频率的交流电时，在感应器的内部和周围同时产生与电流频率相同的交变磁场，受电流交变磁场的作用，工件内就会产生频率相同、方向相反的感应电流（这种电流在工件内自成回路，称为涡流），由于感应电流具有集肤效应（涡流强度集中在工件表面，内层逐渐减小），并且钢本身的电阻在感应电流作用下产生热效应，从而使工件在几秒钟内快速加热到淬火温度，随后冷却，达到表面淬火的目的。

2. 感应淬火的特点

1）感应淬火件晶粒细、硬度高。感应淬火温度虽高于普通淬火温度（高频感应淬火的温度为Ac_3或Ac_1以上$100 \sim 200\,^{\circ}\!C$），但由于感应淬火几乎不需要保温，所以在更高温度仍会获得很细小的奥氏体晶粒，淬火后

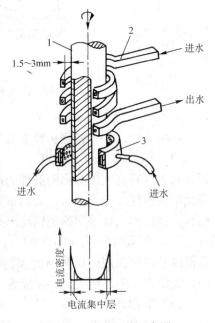

图4-16 感应加热示意图
1—工件 2—感应器 3—喷水套

得到很细小的马氏体组织，其硬度也比普通淬火高$2 \sim 3$HRC，且心部基本上保持了热处理前的组织和性能。

2）加热速度快，加热时间很短，一般只需几秒至几十秒即可完成，因此，工件不容易产生氧化脱碳现象，淬火变形也很小。

3）热效率高，生产率高，生产环境好，易实现机械化、自动化。

4）淬硬层深度易于控制。生产中可通过控制电流频率来控制淬硬层深度。一般淬硬层深度与电流频率关系的经验公式为

$$\delta = \frac{500 \sim 600}{\sqrt{f}}$$

式中 δ——淬硬层深度（mm）；

f——电流频率（Hz）。

5）设备投资大，维修困难，需根据零件实际制作感应器，因此感应淬火不

适合单件生产。

3. 感应淬火的应用

感应淬火最适宜的钢种是中碳钢（如40、45钢）和中碳合金钢（如40Cr、40MnB钢等）制作的齿轮、轴、销类零件。它们经过正火或调质处理后再进行表面淬火，表面硬度可达50~55HRC，具有良好的耐磨性，而心部具有良好的综合力学性能，以承受复杂的交变应力。其也可用于高碳工具钢、含合金元素较少的合金工具钢及铸铁等淬火。

根据电流频率，感应淬火可分为高频感应淬火、中频感应淬火和工频感应淬火，见表4-6。电流频率越高，淬硬层越薄，实际生产中可根据零件的尺寸及需要的淬硬层深度来选择感应淬火频率。一般中小型零件采用高频感应淬火较多。感应淬火件一般应采用低温回火，回火温度为180~200℃。

表4-6 感应淬火方法及应用

类 别	频 率 范 围	淬硬层深度/mm	应 用 举 例
高频感应淬火	200~300kHz	0.5~2	在摩擦条件下工作的零件，如小齿轮、小轴
中频感应淬火	1~10kHz	2~8	承受扭曲、压力载荷的零件，如曲轴、大齿轮、主轴
工频感应淬火	50Hz	10~15	承受扭曲、压力载荷的大型零件，如冷轧辊

二、火焰淬火

应用可燃气体（如氧乙炔）燃烧产生的高温火焰对工件表面进行加热，并快速冷却的淬火工艺，称为火焰淬火。

火焰淬火无需特殊设备，操作简单，工艺灵活，淬火成本低，其淬硬层深度可达2~6mm。在实际生产中，此方法由于加热温度和淬硬层深度不易把握，质量不易控制，因此只适用于单件、小批量生产以及大型工件，如大型轴类、大模数齿轮、轧辊等的表面淬火。

◇◇◇ 第六节 钢的化学热处理

将工件放在具有一定活性介质的热处理炉中加热、保温，使一种或几种元素渗入工件的表层，以改变其化学成分、组织和性能的热处理工艺，称为化学热处理。与表面热处理相比，化学热处理后的工件表层不仅有组织上的变化，而且化学成分也发生了变化。

化学热处理可以划分为三个基本过程：

① 分解：在一定温度下，活性介质通过化学分解，形成能渗入工件的活性原子。

② 吸收：工件表面吸收活性原子，并溶入工件材料晶格的间隙或与其中元素形成化合物。

③ 扩散：被吸收的原子由表面逐渐向心部扩散，从而形成具有一定深度的渗层。

化学热处理工艺的种类很多，根据渗入元素对钢表面性能的作用，一般可分为提高渗层硬度和耐磨性的化学热处理方法（如渗入碳、氮、硼、钒、铌、铬、硅等），提高零件接触疲劳强度和提高抗擦伤能力的化学热处理方法（如渗入硫、氮等），提高零件抗氧化、耐高温性能的化学热处理方法（如渗入铝、铬、镍等），提高零件耐蚀性的化学热处理方法（如渗入硅、铬、氮等）。下面介绍几种常用的化学热处理方法。

一、渗碳

渗碳是将工件放在具有活性碳原子的介质中加热、保温，使碳原子渗入的化学热处理工艺。渗碳的目的是提高工件表层的碳含量，并形成一定碳含量梯度的渗碳层，经淬火、低温回火后提高工件表面的硬度、耐磨性，心部保持良好的韧性。

1. 渗碳工艺

根据产生活性碳原子介质的不同，渗碳分成固体渗碳、液体渗碳和气体渗碳。为了提高渗碳件的质量，又逐渐发展了真空渗碳和离子渗碳等新技术。气体渗碳由于原料气资源丰富，工艺成熟，因此应用最为广泛。下面就以气体渗碳为例介绍渗碳工艺过程。

气体渗碳常用的气体介质有两大类：一类是碳氢化合物有机液体，如煤油、甲醇等；另一类是气态介质，如液化石油气、天然气。将上述介质滴入或通入高温（大于900℃）渗碳炉内，使其分解为活性的碳原子 [C]，反应式为

$$2CO = CO_2 + [C]$$
$$CH_4 = 2H_2 + [C]$$

渗碳温度一般为 900～950℃，使钢完全奥氏体化，被工件表面吸附的活性碳原子溶入奥氏体，并由表及里进行扩散，获得一定厚度的渗层。渗碳的保持时间可根据渗层深度要求确定，一般可按每小时完成 0.1～0.15mm 的渗层深度来估算。

气体渗碳的工艺过程由加热、吸附渗碳、扩散和冷却四个阶段组成，在每个阶段均需要控制温度、时间及炉气的碳势（表示含碳气氛在一定温度下改变工件表面碳含量能力的参数，通常用氧探头及 CO 红外分析仪监控）。图4-17 为气

体渗碳工艺曲线示意图。

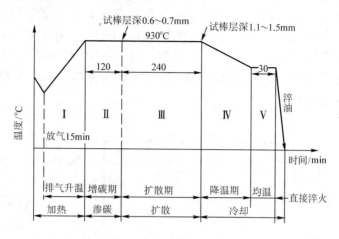

图 4-17　气体渗碳工艺曲线

2. 渗碳用钢及渗碳工艺参数

为实现渗碳件的表面高硬度、耐磨，心部高强韧性，承受较大冲击的要求，渗碳用钢一般采用碳的质量分数为 0.1% ~ 0.25% 的低碳钢或低碳合金钢，如 20、20Cr、20CrMnTi 等。

渗碳后一般要求表面碳的质量分数达到 0.85% ~ 1.05%；渗碳层深度一般是从表面向内至规定的碳的质量分数处 [一般为 w（C）= 0.4%] 的垂直距离。工件的渗碳层深度取决于工件的尺寸和工作条件，一般为 0.5 ~ 2.5mm。

3. 渗碳后的热处理

渗碳工件渗碳后只有经淬火和低温回火才能满足使用性能的要求。经过热处理后，渗碳件表面具有马氏体和碳化物的组织，一般硬度可达 58 ~ 64HRC，而心部根据采用钢材的淬透性和工件尺寸的不同，可获得低碳马氏体或其他非马氏体组织，具有良好的强韧性。

渗碳主要应用于要求表面高硬度、高耐磨性，而心部具有良好的塑性和韧性的零件，如汽车和工程机械上的凸轮轴、活塞销等。

二、渗氮（氮化）

渗氮是在一定温度下于一定介质中使氮原子渗入工件表层的化学热处理工艺。

1. 渗氮工艺

目前广泛应用的渗氮工艺是气体渗氮，其工艺曲线如图 4-18 所示。渗氮温度一般为 500 ~ 560℃，时间一般为 30 ~ 50h，采用氨气（NH$_3$）作渗氮介质。氨气在 450℃ 以上温度时即发生分解，产生活性氮原子，反应式为

$$2NH_3 = 3H_2 + 2[N]$$

活性氮原子被工件表面吸附后，首先形成氮在 α-Fe 中的固溶体，当氮含量超过 α-Fe 的溶解度时，便形成氮化物（Fe_4N、Fe_2N）。氮还与许多合金元素形成弥散的氮化物，如 AlN、CrN、Mo_2N 等。这些合金氮化物具有高的硬度和耐磨性，同时具有高的耐蚀性。因此，38CrMoAlA 等含有 Cr、Mo、Al 等合金元素的钢是最常用的渗氮钢。

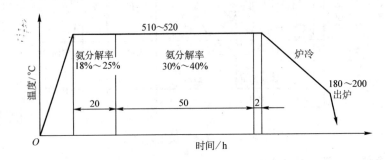

图 4-18 气体渗氮工艺曲线

由于气体渗氮工艺周期很长，因此发展了快速渗氮方法，如辉光离子渗氮、卤化物催化渗氮、高频感应渗氮等。

2. 渗氮的特点与应用

（1）渗氮后工件具有很高的表面硬度和耐磨性 渗氮件的表面硬度可高达 950～1200HV（相当于 65～72HRC），这种高硬度和耐磨性可保持到 560～600℃ 而不降低，而且具有很好的热稳定性。渗氮件比渗碳件还具有更高的疲劳强度、抗咬合性能和低的缺口敏感性。

（2）渗氮后具有良好的耐蚀性能 这是由于渗氮后工件表面形成致密的氮化物薄膜所致。

（3）渗氮件的变形很小 由于渗氮温度低，渗氮后钢件不需其他热处理，故渗氮件变形小。

但由于渗氮温度低，氮原子在钢中的扩散速度很慢，所以气体渗氮所需时间很长，渗氮层也较薄（一般为 0.3～0.6mm）。例如，38CrMoAl 钢制压缩机活塞杆为获得 0.4～0.6mm 的渗氮层深度，气体渗氮保温时间需 60h 左右。

由于上述性能特点，渗氮特别适宜精密零件的最终热处理。例如，磨床主轴、镗床镗杆、精密机床丝杠、内燃机曲轴以及各种精密齿轮和量具等。

三、碳氮共渗

碳氮共渗是在奥氏体状态下，同时将碳、氮渗入工件表层，并以渗碳为主的化学热处理工艺。常用的为气体碳氮共渗。

碳氮共渗工艺分为高温和中温两种，目前广泛应用的是中温气体碳氮共渗。中温碳氮共渗的温度为 820 ~ 860℃，向密封炉内通入的是煤油、氨气。保温时间主要取决于要求的渗层深度。一般零件的渗层深度为 0.5 ~ 0.8mm，共渗保温时间为 4 ~ 6h。碳氮共渗后表层碳的质量分数为 0.7% ~ 1.0%，氮的质量分数为 0.15% ~ 0.5%。

碳氮共渗件需进行淬火、低温回火。

碳氮共渗同时兼有渗碳和渗氮的优点。碳氮共渗速度显著高于单独的渗碳或渗氮。在渗层碳含量相同的情况下，碳氮共渗件比渗碳件具有更高的表面硬度、耐磨性、耐蚀性、抗弯强度和接触疲劳强度，但耐磨性和疲劳强度低于渗氮件。碳氮共渗多用于结构零件，如齿轮、蜗杆、轴类零件等。

四、氮碳共渗（软氮化）

在工件表层同时渗入氮和碳，并以渗氮为主的化学热处理工艺，称为氮碳共渗，也称为软氮化。氮碳共渗的温度一般为 560℃ ± 10℃，保温时间一般为 3 ~ 4h，保温后即可出炉空冷。氮碳共渗有气体氮碳共渗和液体氮碳共渗两种，生产上多采用气体氮碳共渗。

氮碳共渗件的表面硬度比渗氮件稍低，故称为软氮化，但仍具有较高的硬度、耐磨性和高的疲劳强度，耐蚀性也有明显提高。氮碳共渗的加热温度低，处理时间短，工件变形小，又不受钢种限制，所以主要用于处理各种工模具以及一些轴类零件。

化学热处理方法很多，除了上述几种方法外，还有渗硼、渗硫、渗金属（如渗铬、渗铝等）、多元共渗（如硫氮、铬铝、硫氮碳、碳氮硼共渗等）。

❖❖❖ 第七节 热处理新技术

当代热处理技术的发展，主要体现在清洁热处理、精密热处理、节能热处理和少无氧化热处理等方面。

一、热处理技术发展方向

1. 清洁热处理

现代热处理技术的发展，不仅着眼于热处理本身生产技术的先进性和可靠性，而且对人类环境的保护提出了严格的要求，所以有了清洁热处理的概念。所谓清洁热处理，就是在整个热处理生产过程中少或无污染物产生和没有有毒有害废物排放的热处理。

传统热处理生产过程中对环境造成污染的污染物主要有废水、废气、废盐、剧毒物、粉尘、电磁波、噪声等。清洁热处理技术就是能够有效治理这些污染的技术。这些技术主要包括可控气氛热处理技术、真空热处理技术、全封闭式淬火技术和合成淬火介质技术等。一方面热处理生产中有毒有害污染物的产生得到了极大的控制；另一方面热处理生产的机械化、自动化程度得到了极大的提高，而且生产环境和工人劳动强度得到了极大的改善。

2. 精密热处理

精密热处理就是严格控制热处理产品质量的热处理。其主要特点就是能够准确预测零件热处理后组织、性能和残留应力，以及准确预测材料的成分、冶金质量、工件的形状和尺寸、其他的加工工序对热处理结果的影响，自动优选工艺，正确控制各种工艺，以使热处理畸变和质量分散度降低到最小。精密热处理技术主要包括热处理信息技术、热处理传感技术和热处理计算机技术。

热处理信息技术就是充分利用世界各国对热处理技术的研究成果，在第一时间共享世界最先进热处理生产管理和产品质量控制技术。

热处理传感技术是精密热处理的重要手段，只有实现了这些参数的精密测量和控制，才能有效地提高热处理产品的质量。热处理传感技术主要有高性能和高适应性的温度传感器、时间传感器、压力传感器的应用，氧探头、CO 红外分析仪、CO_2 红外分析仪的应用达到对气氛的精确控制，无损检测技术的应用等。

热处理计算机技术就是计算机在热处理上的综合运用。它主要包括热处理质量的在线控制技术、热处理过程的各种计算机控制技术，如炉内气氛和温度场的计算机控制技术、工件冷却过程计算机控制技术、热处理工艺与组织和性能的计算机控制技术等。

3. 节能热处理

热处理是一个高能耗的行业，节能一直是科技人员努力的方向。目前节能热处理主要包括高效节能的炉温控制技术、气氛制备技术以及与其他热加工（如铸、锻、焊）相结合的复合热处理技术。另外，专业化、协作化热处理生产也是节能热处理的一个方面。

4. 少无氧化热处理

少无氧化热处理就是提高热处理产品质量的热处理。其主要的发展方向就是可控气氛热处理及真空热处理。

二、热处理新技术简介

1. 可控气氛热处理

在热处理工艺过程中，热处理炉内的炉气成分（即工艺介质）可以有效控制的热处理，称为可控气氛热处理。可控气氛热处理的热处理炉型，主要有密封箱式炉、辊底炉、网带炉、多用炉、真空炉等。目前，气氛炉所用的气氛主要是吸热式气氛和直生式气氛。吸热式气氛就是燃烧气和空气的混合气体在装有催化剂的外部加热反应室中部分反应，形成一种含 CO 体积分数为 18% ~ 23%，H_2 体积分数为 37% ~ 42%，其余为 N_2 的气氛；直生式气氛就是把空气和碳氢化合物直接通入高于 800℃炉膛内的产气方法。气氛控制较先进的方法是使用氧探头（能对高甲烷含量气氛碳势进行准确测定）结合 CO 红外分析仪（能准确测量 CO 含量）进行控制。可控气氛热处理可应用于对各种金属材料的光亮热处理、渗碳、碳氮共渗、氮碳共渗等。

2. 真空热处理

真空热处理是指在真空中进行加热，然后在常压下完成其他热处理工艺的一种热处理方法。由于真空热处理时，工件是在 1.33 ~ 0.0133Pa 真空度的真空介质中加热，因此工件表面无氧化、无脱碳现象。另外，真空加热主要是辐射传热，加热速度缓慢，工件截面温差小，可显著减小工件的变形。所以，真空热处理不仅可实现钢件的无氧化、无脱碳现象，而且可实现热处理生产的无污染和工件的少畸变，它属于清洁热处理和精密热处理技术范畴。目前，真空热处理已成为工模具热处理生产的先进技术。

◈◈◈ 第八节 金属的表面防护与装饰

一、金属的表面防护

一般金属零件都裸露在空气中，而空气中存在着大量的氧气和水分，这些都是导致金属材料表面被氧化、腐蚀的主要原因。表面防护技术可有效地保护材料、防止腐蚀。常用的金属表面防护处理方法有电镀、化学镀、热浸镀、包覆法、化学转化膜技术、涂料涂装等。

1. 电镀、化学镀及热浸镀

（1）电镀 将金属零件作为阴极浸入含有欲镀金属的盐溶液中，通入电流，在直流电场的作用下，金属盐溶液中的阳离子在零件表面沉积成为牢固的镀层的工艺，称为电镀。

电镀是金属表面常用的防护处理方法。根据镀层金属的不同，电镀可分为镀铬、镀锌、镀铜、镀镍、镀金、镀银、镀钛等。电镀具有镀层厚度能准确控制，镀层质量好，与被镀金属结合牢固，电镀工艺使用常温或低温加热等优点，但生产率较低。

电镀使金属表面美观，并且具有耐蚀功能（如镀铬、镀铜、镀镍、镀金、镀银等，以及自行车、摩托车、钟表零件等镀铬、镀锌、镀锌镍耐蚀合金等）；电镀可以增大零件几何尺寸或修补磨损面，从而修复零件因磨损而造成的尺寸偏差；电镀还能起耐磨和防渗的作用（如镀硬铬以得到耐磨、耐蚀表面，镀铜以防止局部渗碳等）。

（2）化学镀　化学镀是利用适当的还原剂，使一定成分的溶液中金属离子在经催化的金属表面上还原出金属镀层的一种化学方法。

化学镀可以镀镍、镀铜、镀金、镀钴、镀钯、镀锡及镀合金等。其中最常用的是化学镀镍和化学镀铜。

（3）热浸镀　将金属零件浸入熔融的金属液体槽中，经一定时间取出，然后冷却，使其表面形成耐蚀覆盖层的工艺，称为热浸镀。热浸镀层与金属表面结合牢固，操作简单，生产率高，应用较为广泛。例如，"白铁皮"就是热镀锌的钢板，制作食品罐头的"马口铁皮"就是热镀锡钢板。

2. 化学转化膜技术

化学转化膜技术就是通过化学或电化学的处理方法，使金属表面形成一层稳定的化合物膜。其既有耐蚀作用又有装饰作用。常用的化学转化膜技术有氧化处理和磷化处理。

（1）氧化处理　氧化处理就是采用化学或电化学的处理方法，使零件表面形成一层氧化膜，以提高零件的耐蚀性并改善其外观的工艺方法。

1）钢铁的氧化处理（发蓝或发黑）。将钢铁零件放入特定的氧化性溶液中适当加热，使其表面形成一层致密的氧化膜，以提高零件的耐蚀性并改善其外观的工艺方法，称为钢铁的氧化处理。因氧化膜呈蓝色或黑色，所以又称发蓝或发黑。氧化处理形成的氧化膜由 Fe_3O_4 组成，厚度为 $0.5 \sim 1.5 \mu m$，分布均匀，结构致密，并与零件表面结合牢固，不仅提高了零件表面的耐蚀能力，而且表面光泽美观。因此，氧化处理广泛应用于各种机械零件的表面防护和装饰。

钢铁氧化处理的一般工艺流程为：清洗（热水）→清洗（流动水）→酸洗→清洗（流动水）→氧化→清洗（回收槽中）→清洗（流动水）→皂化（30 ~ 50g/L 皂液，80 ~ 90℃，2min）→清洗（热水）→干燥→检验→浸油。

GB/T 15519—2002《化学转化膜　钢铁黑色氧化膜　规范和试验方法》具体规定了钢铁零件化学氧化膜层的技术规范、膜层质量要求及检验方法。

2）铝及铝合金的氧化处理。这种工艺有两种方法：其一是将铝及铝合金零件放入弱碱或弱酸中获得与基体铝结合牢固的氧化膜的工艺方法，即化学氧化法；其二是将铝及铝合金零件放入电解液中，然后通电，以获得硬度高、吸附力强的氧化膜的工艺方法，即阳极氧化法。该工艺主要用于提高铝及铝合金制品的耐蚀和耐磨能力，以及装饰美观其表面，如建筑装潢用铝型材、标牌等。

（2）磷化处理　磷化处理是将钢铁零件放入磷酸盐溶液中，使零件表面获得一层不溶于水、耐腐蚀的磷酸盐薄膜的工艺方法。磷酸盐薄膜由磷酸铁、磷酸锰、磷酸锌所组成，呈灰白色或浅灰黑色，厚度通常为 $7 \sim 20 \mu m$。磷化膜与基体金属结合十分牢固，并具有较高的电阻率，绝缘性能良好。磷化膜耐蚀能力比氧化膜要高 $2 \sim 10$ 倍，在 $200 \sim 300 ℃$ 时仍具有一定的耐蚀性，在大气、植物油、动物油、矿物油、苯及甲苯中均有很好的耐蚀能力，但在酸、碱、氨水、海水及水蒸气中的耐蚀性较差。磷化膜的颜色、结构、表面密度和厚度会随着基体材料、零件表面状态、磷化液成分和磷化工艺条件的变化而变化。厚的磷化膜主要用于耐蚀防护、冷变形加工的润滑、滑动表面的减摩等；薄的磷化膜主要用于工序间的防护及有机涂料层基底等。

钢铁零件磷化处理的一般工艺流程为：化学脱脂→热水洗→冷水洗→酸洗→冷水洗→磷化处理→冷水洗→去离子水洗→干燥。

3. 涂料涂装法

涂料涂装法是在金属表面涂覆一层物质，使金属与周围介质隔开，达到保护金属表面，防止腐蚀的目的。涂料涂装法通常有涂涂料（如涂红丹漆、醇酸树脂漆、酚醛树脂漆等）、涂塑料（如涂聚氟乙烯、聚乙烯塑料等）、涂防锈油（如涂矿物油、凡士林、石蜡等）。

二、金属的表面装饰

金属的表面装饰就是通过对金属表面的处理和加工，使其色彩鲜艳、赏心悦目，不仅具有良好的使用性能，而且美观，具有艺术欣赏性。上述的金属表面保护方法也属于金属表面装饰的范畴。除此之外，金属的表面装饰方法还有表面抛光、表面着色、光亮装饰镀、涂美术装饰漆等。

（1）表面抛光　表面抛光就是利用机械、物理的作用，在抛光机或砂带磨床上进行的光整加工方法。通过表面抛光，可获得光亮如镜的表面，达到装饰的效果。

（2）表面着色　表面着色就是在金属表面形成一层很薄的，具有色彩和耐蚀性的金属化合物，再经抛光，使表面具有色彩且光亮的工艺方法。

（3）光亮装饰镀　光亮装饰镀是在原电镀的基础上，通过加入少量使镀层产生光亮的添加剂，从而形成光亮装饰镀层的工艺方法。

（4）涂美术装饰漆　美术装饰漆是一种工业用漆，其漆膜有锤纹、起皱、开裂、凹凸等各种美丽花纹，立体感强。色彩斑斓的花纹能起到装饰作用，使金属制品不仅实用而且更具艺术价值。按照形态及花纹的不同，美术装饰漆可分为皱纹漆、锤纹漆、晶纹漆、橘纹漆、金属闪光漆等多种。尤其是金属闪光漆，不仅色彩艳丽，而且充满闪闪发光的"金属感"和"方向依存性"，从不同的角度观察会产生不同的色感，因而被广泛应用于轻工产品。

复习思考题

1. 什么叫热处理？热处理的目的是什么？

2. 热处理工艺分为哪几大类？分别包含哪些工艺方法？

3. 通常一个热处理工艺分为哪三个阶段？

4. 何谓奥氏体化？奥氏体化经历哪几个基本过程？

5. 奥氏体晶粒大小对钢热处理后的性能有何影响？如何获得细小均匀的奥氏体晶粒？

6. 过冷奥氏体在不同温度下等温时其最终转变产物分别是什么？用什么符号表示？组织形态有何特征？性能如何？

7. 过冷奥氏体的等温转变与连续冷却转变有何区别？

8. 预备热处理的目的与最终热处理的目的有何区别？

9. 退火工艺常用的方法有哪些？

10. 选择退火或正火工艺时应注意些什么？

11. 什么是淬火？淬火的目的是什么？

12. 什么是钢的淬透性？淬透性有何意义？

13. 钢的淬火加热温度是如何确定的？淬火冷却方法有哪些？

14. 热处理工艺不当会造成哪些淬火缺陷？

15. 钢淬火后回火的目的是什么？

16. 什么叫调质处理？调质处理后组织和性能如何？

17. 什么叫表面热处理？感应淬火有什么特点和应用？

18. 什么是化学热处理？

19. 试比较气体渗碳和气体渗氮工艺，分别说出它们的优缺点。

20. 碳氮共渗和氮碳共渗有何区别？

21. 现代热处理技术发展的方向是什么？

22. 什么是清洁热处理？什么是精密热处理？

23. 钢的表面防护与装饰方法有哪些？

24. 什么是氧化处理？什么是磷化处理？

第 五 章

非合金钢[⊖]（碳素钢）

培训学习目标　熟悉非合金钢（碳素钢）的分类，掌握碳素结构钢、优质碳素结构钢、碳素工具钢、铸造碳钢的牌号、性能和应用。

钢是指以铁为主要元素，碳的质量分数小于 2.11%，并含有少量硅、锰、硫等其他元素的材料。按照国家标准 GB/T 13304.1—2008《钢分类》的规定，钢按化学成分分为非合金钢、低合金钢、合金钢三大类。非合金钢是指钢中各元素含量低于规定值的铁碳合金。

非合金钢即碳素钢，具有冶炼容易，价格低廉，性能可满足一般工程构件、普通机械零件和工具的使用要求，在工业中广泛应用，其产量和用量占钢总产量的 80% 以上。

◇◇◇ 第一节　杂质元素对碳素钢性能的影响

碳素钢中的杂质元素主要是由炼铁、炼钢的原料带入的，这些元素又称为常存元素，主要有锰、硅、硫、磷等。

一、锰的影响

锰具有较强的脱氧能力，可消除钢中的 FeO 夹杂物，降低钢的脆性。锰在钢中能溶解于铁素体中，起到强化钢的作用；锰也可以与钢中的硫反应生成 MnS，从而减小硫的有害作用，改善钢的热加工性能。因此，锰在钢中基本上是一种有益元素。碳素钢中锰的质量分数一般在 0.8% 以内，少数钢种可达到

⊖　国家标准 GB/T 13304.1—2008《钢分类　第 1 部分　按化学成分分类》中，根据钢中化学成分，将钢分为非合金钢、低合金钢和合金钢三大类。非合金钢即碳素钢（简称碳钢），由于相关非合金钢的标准尚未更新和行业习惯的称呼，本书仍采用碳素钢的名称。

1.00% ~ 1.20%。

二、硅的影响

硅与锰相比具有较强的脱氧能力。硅能溶于铁素体中使铁素体强化，从而提高钢的强度和硬度，但同时也降低了钢的塑性和韧性。所以，碳素钢中硅的质量分数不应超过0.4%。总体而言，硅也是钢中的有益元素。

三、硫的影响

硫不溶于铁，常以化合物 FeS 的形式存在，FeS 又与 Fe 容易形成低熔点的共晶体（熔点约为985℃），且分布在奥氏体晶界上，这种共晶体在钢于 1 000 ~ 1 200℃轧制时会出现熔化，导致坯料开裂，这种现象称为热脆。因此，硫在钢中是有害元素，必须严格控制其含量。

四、磷的影响

磷能溶入铁素体中产生固溶强化现象，使钢的强度和硬度显著提高，但塑性和韧性也急剧下降，尤其使钢在低温时脆性更大，这种低温脆性现象称为冷脆。磷还使钢的韧脆转变温度升高。因此，磷在钢中也是有害元素，也应严格控制其含量。

◇◇◇◇　第二节　碳素钢的分类

碳素钢品种较多，其分类方法也很多，通常按钢中碳的质量分数、钢的质量或用途进行分类。

一、按钢中碳的质量分数分类

（1）低碳钢　$w(C) < 0.25\%$。
（2）中碳钢　$0.25\% \leqslant w(C) \leqslant 0.60\%$。
（3）高碳钢　$w(C) > 0.60\%$。

二、按主要质量等级分类

（1）普通质量碳素钢〔$w(S) \geqslant 0.045\%$，$w(P) \geqslant 0.045\%$〕　指生产过程中不需要特别控制质量的所有碳素钢，主要有一般用途的碳素结构钢、碳素钢筋钢、铁道用钢等。

（2）优质碳素钢（硫与磷含量比普通质量碳素钢少）　指除普通质量碳素

钢和特殊质量碳素钢以外的碳素钢，在生产过程中需要特别控制质量，如控制晶粒度，降低硫与磷含量，改善表面质量或增加工艺控制等。优质碳素钢主要包括机械结构用优质碳素钢、工程结构用碳素钢、冲压薄板的低碳结构钢、造船用碳素钢、焊条用碳素钢、优质铸造碳素钢等。

（3）特殊质量碳素钢 [$w(S) \leqslant 0.020\%$，$w(P) \leqslant 0.020\%$] 特殊质量碳素钢是指在生产过程中需要特别严格控制质量和性能的碳素钢，如控制淬透性和纯洁度，主要包括保证淬透性的碳素钢、航空和兵器等专用的碳素钢、碳素弹簧钢、碳素工具钢等。

三、按钢的用途分类

根据钢的用途不同，碳素钢可分为以下两类：
（1）碳素结构钢 主要用于制造机械零件和工程结构件，一般属于低、中碳钢。
（2）碳素工具钢 主要用于制造各种刃具、量具和模具，一般属于高碳钢。

◇◇◇ 第三节 常用的碳素钢

一、碳素结构钢

碳素结构钢一般为中、低碳成分，具有良好的塑性、韧性和一定的强度，同时具有良好的加工工艺性能、焊接性能和冷变形成形性能。其冶炼成本低，属于普通质量碳素钢。它广泛用于制造工程结构件、焊接件、一般机械零件。碳素结构钢通常热轧成各种型材（如圆钢、方钢、工字钢等），一般不经热处理而直接使用。

碳素结构钢的牌号由屈服强度的第一个汉语拼音字母"Q"、屈服强度数值、质量等级符号、脱氧方法四部分按顺序组成。其中，屈服强度的数值以钢材厚度（或直径）小于或等于16mm时的屈服强度数值表示；质量等级分 A、·B、C、D 四级，其中 A 级质量最低，D 级质量最高；沸腾钢、镇静钢分别以 F、Z 表示；TZ 表示特殊镇静钢，通常 Z 与 TZ 可省略不标。例如 Q275AZ 表示屈服强度为275MPa 的 A 级碳素结构钢，属于镇静钢。

碳素结构钢的牌号、化学成分和力学性能见表 5-1。

Q195、Q215 钢塑性较好，通常轧制成薄板、钢筋供应市场，也可用于制作铆钉、螺钉、地脚螺栓、开口销及轻负荷的冲压零件和焊接结构件等。

Q235 钢强度较高，是应用较多的碳素结构钢，可制作螺栓、螺母、销子、吊钩和不太重要的机械零件，以及建筑结构中的螺纹钢、型钢、钢筋等。质量较好的 Q235C、Q235D 可作为重要焊接结构用材。

表 5-1　碳素结构钢的牌号、化学成分和力学性能（摘自 GB/T 700—2006）

牌号	等级	屈服强度① R_{eH}/MPa 厚度（或直径）/mm						抗拉强度② R_m/MPa	断后伸长率 A（%）厚度（或直径）/mm					冲击试验（V形缺口）	
		≤16	>16~40	>40~60	>60~100	>100~150	>150~200		≤40	>40~60	>60~100	>100~150	>150~200	温度/℃	冲击吸收能量（纵向）/J
Q195	—	195	185	—	—	—	—	315~430	33	—	—	—	—	—	—
Q215	A	215	205	195	185	175	165	335~450	31	30	29	27	26	—	—
	B													+20	27
Q235	A	235	225	215	215	195	185	370~500	26	25	24	22	21	—	—
	B													+20	27③
	C													0	27③
	D													-20	27③
Q275	A	275	265	255	245	225	215	410~540	22	21	20	18	17	—	—
	B													+20	7
	C													0	7
	D													-20	7

① Q195 的屈服强度值仅供参考，不作交货条件。

② 厚度大于100mm 的钢材，抗拉强度下限允许降低20MPa。宽带钢（包括剪切钢板）抗拉强度上限不作交货条件。

③ 厚度小于25mm 的 Q235B 级钢材，若供方能保证冲击吸收能量合格，则经需方同意，可不做检验。

Q275 钢强度高，制作桥梁、建筑等工程上质量要求高的焊接结构件，以及可部分代替优质碳素结构钢 25 钢、30 钢、35 钢使用，制作摩擦离合器、主轴、制动钢带、吊钩等。

二、优质碳素结构钢

优质碳素结构钢对钢中的杂质元素有控制要求，尤其要求控制硫与磷的含量，在供货时不仅要保证力学性能，而且要保证化学成分要求。

优质碳素结构钢的牌号用两位数字表示钢的平均碳质量分数的万分数，例如 45 表示平均碳的质量分数 $w(C) = 0.45\%$ 的优质碳素结构钢。若钢中锰的质量分数较高 $[w(Mn) = 0.7\% \sim 1.2\%]$，则在两位数字后加锰的元素符号 Mn，若是沸腾钢，则在钢号后加 F，镇静钢可省略。例如，65Mn 表示平均碳的质量分数 $w(C) = 0.65\%$ 的含有较多锰的优质碳素结构钢；08F 表示平均碳的质量分数 $w(C) = 0.08\%$ 的优质碳素结构钢，属于沸腾钢。

优质碳素结构钢的牌号、化学成分和力学性能见表 5-2。

08F 钢中碳含量很低，强度很低，塑性很好，主要用于制造冷冲压件和焊接件，如仪器仪表的外壳、普通容器等。

10 钢~25 钢属于低碳钢，强度、硬度不高，塑性、韧性及焊接性能较好，主要用于制造冷冲压件、焊接件和渗碳件，如一般使用的螺钉、螺母、压力容器、法兰盘等。

30 钢~55 钢属于中碳钢，这类钢经调质处理后，具有良好的综合力学性能，主要用于制造受力较大或受力复杂的零件，如齿轮、轴、连杆等，其中 40 钢和 45 钢应用最广。

60 钢以上的钢属于高碳钢，这类钢经热处理后，具有较高的强度和硬度，但焊接性能和切削加工性能较差，主要用于制造各种弹性元件及耐磨零件，如各种弹簧、低速齿轮等。锰含量较高的优质碳素结构钢，由于锰的作用，其强度优于相应的普通锰含量的钢，可用于制造强度要求更高或截面更大的弹性零件。

三、碳素工具钢

碳素工具钢中碳含量较高，碳的质量分数为 $0.65\% \sim 1.35\%$，属于特殊质量碳素钢。碳素工具钢经热处理后，具有高的硬度和耐磨性，主要用于制造各种低速切削刃具、精度要求不高的量具和对热处理变形要求不高的一般模具。

碳素工具钢的钢号以 T 再加数字表示。T 表示钢的类别为碳素工具钢，数字表示碳的质量分数的千分数，如 T8、T10 分别为碳的质量分数 0.80%、1.00%；若钢号尾再加 A，则表示硫与磷的含量更少（原规定称高级优质碳素工具钢）。

碳素工具钢的牌号、化学成分、力学性能和用途见表 5-3。

表5-2 优质碳素结构钢的牌号、化学成分和力学性能（摘自 GB/T 699—1999）

| 统一数字代号 | 牌号 | 化学成分（质量分数，%） | | | | | | 力学性能 | | | | | 交货状态硬度 HBW10/3000（≤） | |
		C	Si	Mn	Cr	Ni ≤	Cu ≤	R_{eH} /MPa	R_m /MPa	A (%) ≥	Z (%)	KU /J	未热处理钢	退火钢
U20080	08F	0.05~0.11	≤0.03	0.25~0.50	0.10	0.30	0.25	175	295	35	60	—	131	—
U20082	08	0.05~0.11	0.17~0.37	0.35~0.65	0.10	0.30	0.25	195	325	33	60	—	131	—
U20100	10F	0.07~0.13	≤0.07	0.25~0.50	0.15	0.30	0.25	185	315	33	55	—	137	—
U20102	10	0.07~0.13	0.17~0.37	0.35~0.65	0.15	0.30	0.25	205	335	31	55	—	137	—
U20150	15F	0.12~0.18	≤0.07	0.25~0.50	0.25	0.30	0.25	205	355	29	55	—	143	—
U20152	15	0.12~0.18	0.17~0.37	0.35~0.65	0.25	0.30	0.25	225	375	27	55	—	143	—
U20202	20	0.17~0.23	0.17~0.37	0.35~0.65	0.25	0.30	0.25	245	410	25	55	—	156	—
U20252	25	0.22~0.29	0.17~0.37	0.50~0.80	0.25	0.30	0.25	275	450	23	50	71	170	—
U20302	30	0.27~0.34	0.17~0.37	0.50~0.80	0.25	0.30	0.25	295	490	21	50	63	179	—
U20352	35	0.32~0.39	0.17~0.37	0.50~0.80	0.25	0.30	0.25	315	530	20	45	55	197	—
U20402	40	0.37~0.44	0.17~0.37	0.50~0.80	0.25	0.30	0.25	335	570	19	45	47	217	187
U20452	45	0.42~0.50	0.17~0.37	0.50~0.80	0.25	0.30	0.25	355	600	16	40	39	229	197
U20502	50	0.47~0.55	0.17~0.37	0.50~0.80	0.25	0.30	0.25	375	630	14	40	31	241	207
U20552	55	0.52~0.60	0.17~0.37	0.50~0.80	0.25	0.30	0.25	380	645	13	35	—	255	217
U20602	60	0.57~0.65	0.17~0.37	0.50~0.80	0.25	0.30	0.25	400	675	12	35	—	255	229
U20652	65	0.62~0.70	0.17~0.37	0.50~0.80	0.25	0.30	0.25	410	695	10	30	—	255	229

（续）

统一数字代号	牌号	化学成分（质量分数,%）						力学性能					交货状态硬度 HBW10/3000（≤）	
		C	Si	Mn	Cr	Ni	Cu	R_{eH}/MPa	R_m/MPa	A（%）	Z（%）	KU/J	未热处理钢	退火钢
					≤					≥				
U20702	70	0.67～0.75	0.17～0.37	0.50～0.80	0.25	0.30	0.25	420	715	9	30	—	269	229
U20752	75	0.72～0.80	0.17～0.37	0.50～0.80	0.25	0.30	0.25	880	1 080	7	30	—	285	241
U20802	80	0.77～0.85	0.17～0.37	0.50～0.80	0.25	0.30	0.25	930	1 080	6	30	—	285	241
U20852	85	0.82～0.90	0.17～0.37	0.50～0.80	0.25	0.30	0.25	980	1 130	6	30	—	302	255
U21152	15Mn	0.12～0.18	0.17～0.37	0.70～1.00	0.25	0.30	0.25	245	410	26	55	—	163	—
U21202	20Mn	0.17～0.23	0.17～0.37	0.70～1.00	0.25	0.30	0.25	275	450	24	50	—	197	—
U21252	25Mn	0.22～0.29	0.17～0.37	0.70～1.00	0.25	0.30	0.25	295	490	22	50	71	207	187
U21302	30Mn	0.27～0.34	0.17～0.37	0.70～1.00	0.25	0.30	0.25	315	540	20	45	63	217	197
U21352	35Mn	0.32～0.39	0.17～0.37	0.70～1.00	0.25	0.30	0.25	335	560	18	45	55	229	207
U21402	40Mn	0.37～0.44	0.17～0.37	0.70～1.00	0.25	0.30	0.25	355	590	17	45	47	229	207
U21452	45Mn	0.42～0.50	0.17～0.37	0.70～1.00	0.25	0.30	0.25	375	620	15	40	39	241	217
U21502	50Mn	0.48～0.56	0.17～0.37	0.70～1.00	0.25	0.30	0.25	390	645	13	40	31	255	217
U21602	60Mn	0.57～0.65	0.17～0.37	0.70～1.00	0.25	0.30	0.25	410	695	11	35	—	269	229
U21652	65Mn	0.62～0.70	0.17～0.37	0.90～1.20	0.25	0.30	0.25	430	735	9	30	—	285	229
U21702	70Mn	0.67～0.75	0.17～0.37	0.90～1.20	0.25	0.30	0.25	450	785	8	30	—	285	229

表5-3 碳素工具钢的牌号、化学成分、力学性能和用途（摘自 GB/T 1298—2008）

牌号	化学成分（质量分数，%）					退火状态 HBW（≤）	硬度 试样淬火		用途举例
	C	Mn	Si	S ≤	P ≤		淬火温度和淬火冷却介质	HRC	
T7	0.65~0.74	≤0.40	0.35	0.030	0.035		800~820℃，水	≥62	淬火、回火后，常用于制造能承受振动、冲击，并且在硬度适中的情况下有较好韧性的工具，如冲头、木工工具等
T8	0.75~0.84	≤0.40	0.35	0.030	0.035	187	800~820℃，水	≥62	淬火、回火后，常用于制造要求有较高硬度和耐磨性的工具，如冲头、木工工具、剪刀工具等
T8Mn	0.80~0.90	0.40~0.60	0.35	0.030	0.035		800~820℃，水	≥62	性能和用途与T8钢相同，但由于加入锰，提高了淬透性，故可用于制造截面较大的工具
T9	0.85~0.94	≤0.40	0.35	0.030	0.035	192	780~800℃，水	≥62	用于制造具有一定硬度和韧性的工具，如冲模、冲头等
T10	0.95~1.04	≤0.40	0.35	0.030	0.035	197	760~780℃，水	≥62	用于制造耐磨性要求较高、不受剧烈振动，具有一定韧性及锋利刃口的各种工具，如车刀、钻头、丝锥等
T11	1.05~1.14	≤0.40	0.35	0.030	0.035	207	760~780℃，水	≥62	用途与T10钢基本相同，一般习惯上采用T10钢
T12	1.15~1.24	≤0.40	0.35	0.030	0.035		760~780℃，水	≥62	用于制造不受冲击，要求高硬度的各种工具，如丝锥、锉刀等
T13	1.25~1.35	≤0.40	0.35	0.030	0.035	217	760~780℃，水	≥62	适用于制造不受振动、要求极高硬度的各种工具，如剃刀、刮刀、刻字刀具等

注：高级优质钢中 $w(S) \leq 0.020\%$，$w(P) \leq 0.030\%$。

表 5-4 工程用铸造碳钢的牌号、化学成分、力学性能和用途（摘自 GB/T 11352—2009）

牌号	化学成分（质量分数，%）				残 余 元 素						室温力学性能（不小于）							用 途 举 例
	C	Si	Mn	P、S	Ni	Cr	Cu	Mo	V	R_{eH} $R_{p0.2}$/MPa	R_m /MPa	A (%)	Z (%)	KV /J	KU /J		
				≤								≥					
ZG 200-400	0.20	0.60	0.80	0.035	0.40	0.35	0.40	0.20	0.05	200	400	25	40	30	47		具有良好的塑性、韧性和焊接性，用于制造受力不大的机械零件，如机座、变速器壳等
ZG 230-450	0.30									230	450	22	32	25	35		具有一定的强度和好的塑性、韧性，焊接性好，用于制造受力不大、韧性好的机械零件，如外壳、轴承盖等
ZG 270-500	0.40		0.90							270	500	18	25	22	27		具有较高的强度和较好的塑性，铸造性良好，焊接性尚好、切削加工性好，用于制造轧钢机机架、箱体等
ZG 310-570	0.50									310	570	15	21	15	24		强度和切削加工性良好，韧性较低，用于制造载荷较高的大齿轮、气缸体等
ZG 340-640	0.60									340	640	10	18	10	16		具有高的强度和耐磨性，切削加工性好，流动性好，塑性、韧性较差，裂纹敏感性较大，用于制造齿轮、棘轮等

碳素工具钢一般经淬火、低温回火后使用，各钢号硬度都能达到62HRC以上，但随着碳含量的增加，耐磨性增加、韧性降低。选用时，可根据制作工具所承受的冲击力大小来确定钢号，一般T7、T8钢能用作承受冲击的工具，T9、T10、T11钢用于制作不受剧烈冲击的工具，而T12、T13钢则用于制作不受冲击的工具，具体应用见表5-3。

四、铸造碳钢

铸造碳钢牌号用ZG＋两组数据表示，其中"ZG"表示铸钢，两组数据分别是最低屈服强度和最低抗拉强度。例如，ZG 200-400表示屈服强度不小于200MPa，抗拉强度不小于400MPa的铸造碳钢。

铸造碳钢中碳的质量分数为0.2%～0.6%。其力学性能优于铸铁，但铸造性能比铸铁差得多。在生产中，一些形状复杂的零件，用锻造的方法难以生产，用铸铁又难以满足其性能要求，此时常常采用铸钢件。铸造碳钢广泛用于制造重型机械、冶金机械、矿山机械及机车车辆上的零部件。工程用铸造碳钢的牌号、化学成分、力学性能和用途见表5-4。

复习思考题

1. 什么是非合金钢？

2. 钢中常存的杂质元素有哪些？对其性能有何影响？

3. 碳素钢常见的分类方法有哪些？

4. 说出下列钢号属于哪类钢，并说明符号和数字的含义。

Q235AF　08F　45　65Mn　T8A　T10　ZG 270-500

5. 08F、45、20、65Mn、T12、Q195、60、T8A、40钢中，哪些钢的焊接性能良好，适合制作焊接件？哪些钢硬度高、耐磨性好，适合制作工具？哪些钢具有较高的强度和弹性，适合制作弹簧？哪些钢具有较好的综合力学性能，适合制作轴和齿轮？

6. 碳素结构钢与优质碳素结构钢各自有何特点？其主要应用场合有何不同？

7. 碳素工具钢随着碳的质量分数的增加，其力学性能和应用场合有何异同？

8. 铸钢件主要应用于何种场合？与铸铁相比其性能有何差异？

第 六 章

低合金钢与合金钢

培训学习目标 了解合金元素对钢性能的影响；了解钢的分类方法；熟悉常用低合金钢与合金钢的牌号、性能、热处理方法及应用。

为了提高钢的力学性能，改善钢的工艺性能和使得到某些特殊的物理化学性能，炼钢时有目的地向钢中加入某些合金元素，就得到了低合金钢和合金钢。习惯上，把低合金钢和合金钢统称为合金钢。常用的合金元素有硅（Si）、锰（Mn）、铬（Cr）、镍（Ni）、钼（Mo）、钨（W）、钒（V）、钴（Co）、钛（Ti）、铝（Al）、硼（B）、氮（N）和稀土元素等。为充分发挥合金元素的作用，一般合金钢在使用前都要进行热处理。

◆◆◆ 第一节 合金元素对钢的影响

一、合金元素对钢力学性能的影响

1. 合金元素溶于铁素体、奥氏体，起固溶强化作用

几乎所有合金元素均能不同程度地溶于铁素体、奥氏体中形成固溶体，使钢的强度、硬度提高，但塑性、韧性会有所下降。其中 Si、Mn、Ni 等元素的强化效果显著，而 Ni、Cr、Mn 等元素在少量加入时不仅能强化材料，还能使钢保持好的韧性，使钢具有强韧性的良好配合。合金元素对铁素体力学性能的影响如图 6-1 所示。

2. 合金元素形成碳化物，起第二相强化、硬化作用

按照与碳之间的相互作用不同，常用的合金元素分为非碳化物形成元素和碳化物形成元素两大类。非碳化物形成元素包括 Ni、Si、Al、Cu、Co 等，不能与

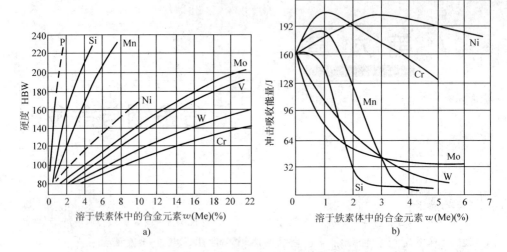

图 6-1　合金元素对铁素体力学性能的影响

a）对硬度的影响　b）对韧性的影响

碳形成碳化物；碳化物形成元素包括 Ti、Nb、V、W、Mo、Cr、Mn 等，它们在钢中能与碳结合形成碳化物，如 TiC、VC、WC 等，这些碳化物一般都具有高的硬度、高的熔点和较好的稳定性，如果它们的颗粒细小并在钢中均匀分布，则会显著提高钢的强度、硬度和耐磨性。

3. 合金元素使珠光体增加，起强化合金结构钢的作用

合金元素的加入，使 Fe-Fe₃C 相图中的共析点左移，因而，与相同碳含量的碳素钢相比，亚共析成分的合金结构钢（一般合金结构钢为亚共析钢）的碳含量更接近于共析成分，组织中珠光体的数量多，使合金钢的强度提高。

二、合金元素对钢工艺性能的影响

1. 对热处理性能的影响

（1）对加热过程中奥氏体化的影响　合金钢奥氏体化的过程与碳素钢一样，遵循着奥氏体晶核形成并长大、残余碳化物溶解及成分扩散均匀这一规律。但由于合金渗碳体，特别是合金碳化物稳定性高，不易溶入奥氏体；合金元素溶入奥氏体后扩散很缓慢，因此合金钢的奥氏体化速度比碳素钢慢，为加速奥氏体化，要求将合金钢（锰钢除外）加热到较高的温度和保温较长的时间。

除 Mn 外的所有合金元素都有阻碍奥氏体晶粒长大的作用，尤其是 Ti、V 等强碳化物元素与碳形成的合金碳化物稳定性高，残存在奥氏体晶界上，显著地阻碍奥氏体晶粒长大。因此，合金钢奥氏体化后的晶粒一般比碳素钢的细。

（2）对过冷奥氏体转变的影响　除 Co 外，所有溶于奥氏体中的合金元素，都

使过冷奥氏体的稳定性增大，使等温转变图右移，马氏体临界冷却速度减小，淬透性提高，从而使合金钢在较小的冷却速度下即能淬成马氏体组织，可减小淬火变形。因此，大尺寸、形状复杂或要求精度高的重要零件，需要用合金钢制作。

除 Co、Al 外，大多数合金元素都使 Ms 点降低，使合金钢淬火后的残留奥氏体量比碳素钢的多，这将对零件的淬火质量产生不利影响。

（3）对回火转变的影响 合金元素使淬火钢回火时马氏体不易分解，即提高了钢的耐回火性，这就使得在相同温度下回火时，合金钢的强度和硬度比相同碳含量的非合金钢高。反之，当回火成相同硬度时，合金钢因回火温度高而具有较高塑性、韧性，其内应力也小。

合金元素能提高马氏体分解的温度，对于含有较多 Cr、Mo、W、V 等强碳化物形成元素的钢，当加热至 500～600℃回火时，直接由马氏体中析出合金碳化物，这些碳化物颗粒细小，分布弥散，使钢的硬度不仅不降低，反而升高，这种现象称为二次硬化。高速工具钢的硬度与回火温度的关系如图 6-2 所示。

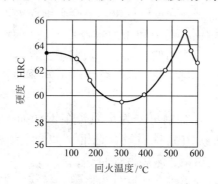

图 6-2 高速工具钢的硬度与
回火温度的关系

2. 对焊接性能的影响

淬透性良好的合金钢在焊接时，容易在接头处出现淬硬组织，使该处脆性增大，容易出现焊接裂纹；焊接时合金元素容易被氧化，形成氧化物夹杂，使焊接质量下降。例如，在焊接不锈钢时，形成 Cr_2O_3 夹杂，使焊缝质量受到影响，同时由于铬的损失，不锈钢的耐腐蚀性下降，所以高合金钢最好采用保护作用好的氩弧焊。

3. 对可锻性的影响

由于合金元素溶入奥氏体后使变形抗力增加，使塑性变形困难，因此合金钢锻造需要施加更大的压力；同时合金元素使钢的导热性降低，脆性加大，从而增大合金钢锻造时和锻后冷却中出现变形、开裂的倾向，因此合金钢锻后一般应控制终锻温度和冷却速度。

◆◇◆◇ 第二节　低合金钢、合金钢的分类与牌号

一、分类

国家标准 GB/T 13304.1—2008《钢分类　第1部分　按化学成分分类》将钢分为非合金钢、低合金钢、合金钢三大类。非合金钢、低合金钢和合金钢中合金元素规定含量界限值见附录 D。非合金钢已在第五章中介绍，以下主要介绍低合金钢和合金钢。

（1）低合金钢　低合金钢是指合金元素的种类和含量低于国家标准规定范围的钢。

与非合金钢的分类相似，低合金钢按主要质量等级可分为三类，即普通质量低合金钢（如一般低合金高强度结构钢、低合金钢筋钢等）、优质低合金钢（如通用低合金高强度结构钢、锅炉和压力容器用低合金钢、造船用低合金钢等）、特殊质量低合金钢（如核能用低合金钢、低温压力容器用钢等）。

（2）合金钢　合金钢是指合金元素的种类和含量高于国家标准规定范围的钢。

按主要质量等级，合金钢可分为优质合金钢（如一般工程结构用合金钢、耐磨钢、硅锰弹簧钢等）和特殊质量合金钢（如合金结构钢、轴承钢、合金工具钢、高速工具钢、不锈钢、耐热钢等）。

另外，按合金元素种类将合金钢分为铬钢、锰钢、硅锰钢、铬镍钢等，按用途将钢分为结构钢、工具钢、不锈钢及耐热钢等。

二、钢号表示方法

合金钢的牌号是由碳含量的数字、合金元素符号及合金元素含量数字及汉语拼音字母组成的，如 35SiMn、12Cr13、GCr15 等。

（1）碳含量数字　当碳含量数字为两位数时，表示钢中平均碳含量的万分数；当碳含量数字为一位数时，表示钢中平均碳含量的千分数。例如 20CrMnTi 钢，平均碳含量为万分之二十，即 0.2%；9Mn2V 钢平均碳含量为千分之九，即 0.9%。

（2）合金元素符号与含量数字　表示该合金元素平均含量的百分数。当合金元素平均含量小于 1.5% 时不标数字。例如，60Si2Mn 钢的平均 $w(Si) = 2\%$、$w(Mn) < 1.5\%$。

（3）当采用汉语拼音字母表示产品名称、用途、特性和工艺方法时，一般从代表产品名称的汉语拼音中选取第一个字母，加在牌号首或尾部，如 GCr15

（G 表示滚动轴承）、SM3Cr3Mo（SM 表示塑料模具）。

上面介绍的是一般情况。合金钢的牌号表示方法中还有一些特例，如有的钢不标碳含量数字（如 CrWMn），有的牌号中合金元素含量数字为千分数（如 GCr15）等，这些将在后面的学习过程中遇到时详细介绍。

◇◇◇◇ 第三节 低合金钢

一、低合金高强度结构钢

1. 低合金高强度结构钢的化学成分

低合金高强度结构钢是在低碳钢的基础上加入少量合金元素形成的钢，常加入的合金元素有 Mn、Si、Ti、Nb、V 等。其 $w(C) < 0.20\%$，碳含量低是为了获得高的塑性、良好的焊接性和冷变形能力。合金元素 Si 和 Mn 主要溶于铁素体中，起固溶强化作用；Ti、Nb、V 等在钢中形成细小碳化物，起细化晶粒和弥散强化作用，从而提高钢的强韧性。

2. 低合金高强度结构钢的牌号、性能及用途

低合金高强度结构钢是一类可焊接的低碳低合金工程结构用钢，牌号表示方法与碳素结构钢相同，有 Q345、Q390、Q420、Q460、Q500、Q550、Q620、Q690，其中 Q345 应用最为广泛。

低合金高强度结构钢具有高的强度，良好的塑性、韧性，良好的焊接性、耐蚀性和冷成形性，低的韧脆转变温度，适于冷弯和焊接，广泛用于桥梁、车辆、船舶、锅炉、高压容器和输油管等。在某些场合用低合金高强度结构钢代替碳素结构钢可减轻构件的重量。

常用低合金高强度结构钢的牌号、化学成分、力学性能及用途见表6-1。

二、易切削结构钢

易切削结构钢具有小的切削抗力，对刀具的磨损作用小，切屑易碎，便于排除等特点，主要用于成批量生产的螺柱、螺母、螺钉等标准件，也可用于轻型机械，如自行车、缝纫机、计算机零件等。

加入硫、锰、钙、铅等合金元素，能改善其切削加工性能。

易切削结构钢常用牌号有 Y12、Y12Pb、Y15、Y30、Y40Mn、Y45Ca 等。钢号中首位字母"Y"表示钢的类别为易切削结构钢，其后的数字为碳含量的万分之几，末位元素符号表示主要加入的合金元素（无此项符号的钢表示为非合金易切削钢）。

表 6-1　常用低合金高强度结构钢的牌号、化学成分、力学性能及用途（摘自 GB/T 1591—1994）

牌号	质量等级	化学成分（质量分数，%）							力学性能				特性与应用
		C	Si	Mn	Nb	V	Ti	Cr	R_{eL}/MPa（公称厚度 ≤16mm）	R_m/MPa（公称厚度 ≤40mm）	A（%）（公称厚度 ≤40mm）	KV/J（公称厚度 12~150mm）	
Q345	A	≤0.20	≤0.50	≤1.70	0.07	0.15	0.20	0.30	≥345	470~630	≥20	≥34	综合力学性能好、焊接性、冷、热加工性能和耐蚀性能均好，C、D、E 级钢具有良好的低温韧性。用于船舶、锅炉、压力容器、石油储罐、桥梁、电站设备、起重运输机械及其他较高载荷的焊接结构构件
	B												
	C												
	D	≤0.18											
	E												
Q390	A	≤0.20	≤0.50	≤1.70	0.07	0.20	0.20	0.30	≥390	490~650	≥20	≥34	强度高，特别是在正火或正火＋回火状态有较高的综合力学性能。用于大型船舶、桥梁、电站设备、起重机械、容器、机车车辆、矿山机械及其他大型焊接结构构件
	B												
	C												
	D												
	E												
Q420	A	≤0.20	≤0.50	≤1.70	0.07	0.20	0.20	0.30	≥420	520~680	≥19	≥34	在正火或正火＋回火状态下使用。正火处理后形成的碳氮化物以细小质点从固溶体中沉淀析出，在提高强度的同时，保持良好的塑性、韧性，有较高的综合力学性能。主要用于大型船舶、桥梁、电站设备、中高压锅炉、高压容器、机车车辆、起重机械、矿山机械及其他大型焊接结构构件
	B												
	C												
	D												
	E												

（续）

牌号	质量等级	化学成分（质量分数，%）							力学性能				特性与应用
		C	Si	Mn	Nb	V	Ti	Cr	R_{eL}/MPa（公称厚度 ≤16mm）	R_m/MPa（公称厚度 >40mm ≤40mm）	A（%）（公称厚度 >40mm ≤40mm）	KV/J（公称厚度 12～150mm）	
Q460	C												正火状态下具有贝氏体组织，并通过微合金化和控制轧制工艺提高强度、低温韧性，保证焊接工艺性能。用于各种大型工程结构及要求强度高、载荷大的轻型结构
	D	≤0.20	≤0.60	≤1.80	0.11	0.20	0.20	0.30	≥460	550～720	≥17	≥34	
	E												
Q500	C											≥55	热轧或正火状态下得到低碳贝氏体组织，屈服强度高、韧脆转变温度降低，微合金化后具有一定的耐热性，使用温度可达500℃。用于石油、化工中的中温高压容器
	D	≤0.18	≤0.60	≤1.80	0.11	0.12	0.20	0.60	≥460	610～770	≥17	≥47	
	E											≥31	
Q550	C											≥55	
	D	≤0.18	≤0.60	≤2.00	0.11	0.12	0.20	0.80	≥550	670～830	≥16	≥47	用于石油、化工中的中温高压容器
	E											≥31	
Q620	C											≥55	加入了合金元素铬，强度进一步提高，正火后是低碳贝氏体组织，强度和焊接性都比较好。用于高温（400～560℃）的中压容器
	D	≤0.18	≤0.60	≤2.00	0.11	0.12	0.20	1.00	≥620	710～880	≥15	≥47	
	E											≥31	
Q690	C											≥55	
	D	≤0.18	≤0.60	≤2.00	0.11	0.12	0.20	1.00	≥690	770～940	≥14	≥47	
	E											≥31	

注：各牌号钢的化学成分中，质量A等级和B等级 $w(P)$ =0.035%，$w(S)$ =0.035%；C等级 $w(P)$ =0.030%，$w(S)$ =0.030%；D等级 $w(P)$ =0.030%，$w(S)$ =0.025%；E等级 $w(P)$ =0.025%，$w(S)$ =0.020%。

◆◆◆◆ 第四节 合金结构钢

一、合金渗碳钢

渗碳钢通常是指需经渗碳处理后才能使用的钢。其具有外硬内韧的性能，用于承受冲击的耐磨件，如汽车、拖拉机中的变速齿轮，内燃机上的凸轮轴、活塞销等。

1. 化学成分

合金渗碳钢为低碳成分，一般钢中 $w(C) = 0.10\% \sim 0.25\%$，以保证零件心部具有足够的塑性、韧性。其主要合金元素是 Cr，还可加入 Ni、Mn、B、W、Mo、V、Ti 等。其中，Cr、Ni、Mn、B 的主要作用是提高淬透性，使大尺寸零件淬火后心部得到低碳马氏体组织，以提高强度和韧性；少量的 W、Mo、V、Ti 能形成细小、难溶的碳化物，以阻止渗碳过程中高温、长时间保温条件下晶粒长大。在零件表层形成的合金碳化物还可提高表面渗碳层的耐磨性。

2. 常用的合金渗碳钢

常用合金渗碳钢的牌号、化学成分、热处理工艺、力学性能及用途见表6-2。常用的合金渗碳钢有 20Cr、20CrMnTi、20Cr2Ni4 等。

20Cr 钢常用来制造负荷不大、小尺寸的一般渗碳件，如小轴、小齿轮、活塞销等，也可在调质状态下使用，制造工作速度较大并承受中等冲击载荷的零件。此钢在渗碳时易过热，表面容易出现渗碳体网，使用时应加以注意。

20CrMnTi 钢是应用最广泛的合金渗碳钢，用于截面尺寸在 30mm 以下、高速运转并承受中等或重载荷的重要渗碳件，如汽车和拖拉机的变速齿轮、轴等零件。

20Cr2Ni4 钢用于大截面，在较高载荷、交变载荷下工作的重要渗碳件，如内燃机车的主动牵引齿轮、柴油机曲轴等。

3. 热处理及性能

合金渗碳钢零件的预备热处理为正火，其目的是改变锻造状态的不正常组织，获得合适的硬度，以利于切削加工。

最终热处理一般是渗碳后淬火加上低温回火，使表层获得高碳回火马氏体加碳化物，硬度一般为 58~64HRC，而心部组织则视钢的淬透性高低及零件尺寸的大小而定，可得到低碳回火马氏体或其他非马氏体组织，具有良好的强韧性。

表6-2　常用合金渗碳钢的牌号、化学成分、热处理工艺、力学性能及用途（摘自 GB/T 3077—1999）

牌号	化学成分（质量分数，%）					热处理工艺			力学性能 不小于				用途举例
	C	Si	Mn	Cr	其他	第一次淬火温度/℃	第二次淬火温度/℃	回火温度/℃	R_{eL}/MPa	R_m/MPa	A(%)	K/J	
20Cr	0.18~0.24	0.17~0.37	0.50~0.80	0.70~1.00	—	880 水、油	780~820 水、油	200 水、空气	540	835	10	47	截面尺寸在30mm以下形状复杂、心部要求较高强度，工作表面承受磨损的零件，如机床变速箱齿轮、凸轮、蜗杆、活塞销、牙嵌离合器等
20Mn2	0.17~0.24	0.17~0.37	1.40~1.80	—	—	850 水、油	—	200 水、空气	590	785	10	47	代替20钢制作小齿轮、小轴、低要求的活塞销、汽车顶杆、变速箱操纵杆等
20CrMnTi	0.17~0.23	0.17~0.37	0.80~1.10	1.00~1.30	Ti0.04~0.10	880 油	870 油	200 水、空气	850	1 080	10	55	在汽车、拖拉机工业中用于截面尺寸在30mm以下，承受高速、中载荷或重载荷，以及受冲击、摩擦的重要渗碳件，如齿轮、轴、齿轮轴、蜗杆等
20MnVB	0.17~0.23	0.17~0.37	1.20~1.60	—	V0.07~0.12 B0.0005~0.0035	860 油	—	200 水、空气	885	1 080	10	55	模数较大、载荷较重的中小渗碳件，如重型机床上的齿轮、轴，汽车后桥主动齿轮、从动齿轮等
20MnTiB	0.17~0.24	0.17~0.37	1.30~1.60	—	Ti0.04~0.10 B0.0005~0.0035	860 油	—	200 水、空气	930	1 130	10	55	20CrMnTi 钢的代用钢种，制作汽车、拖拉机上小截面、中等载荷的齿轮
20Cr2Ni4	0.17~0.23	0.17~0.37	0.30~0.60	1.25~1.65	Ni3.25~3.65	880 油	780 油	200 水、空气	1 080	1 180	10	63	用于制作大截面、较高载荷、交变载荷、轴等下工作的重要渗碳件，如大型齿轮、轴等

注：表中各牌号的合金渗碳钢试样尺寸均为15mm。

二、合金调质钢

合金调质钢主要用于制造在多种载荷（如扭转、弯曲、冲击等）下工作，受力比较复杂，要求具有良好综合力学性能的重要零件，一般需经调质处理后使用，如汽车、拖拉机、机床等上的齿轮、轴类件、连杆、高强度螺栓等。它是机械结构用钢的主体。

1. 化学成分

合金调质钢为中碳成分，碳的质量分数 $w(C) = 0.25\% \sim 0.50\%$，以保证调质处理后具有良好的综合力学性能。其主加合金元素有 Cr、Ni、Mn、Si、B 等，能提高淬透性和强化钢材，而加入少量的 W、Mo、V、Ti 等元素，可形成稳定的合金碳化物，阻止奥氏体晶粒长大，起细化晶粒及防止回火脆性的作用。

2. 常用的合金调质钢

常用合金调质钢的牌号、化学成分、热处理工艺、力学性能及用途见表6-3。其中，40Cr、35CrMo、38CrMoAl、40CrNiMoA 等为常用的合金调质钢。

40Cr 钢是应用最广泛的合金调质钢，主要用于较为重要的中小型调质件，如机床齿轮、主轴、外花键、顶尖套等。

35CrMo 钢适用于制造截面较大、载荷较重的调质件和较为重要的中型调质件，如汽轮机的转子、重型汽车的曲轴等。

40CrNiMoA 钢适宜于制作重载、大截面的重要调质件，如挖掘机传动轴、卷板机轴等。

38CrMoAl 钢是氮化钢，主要用于制造尺寸精度和表面耐磨性要求很高的中小型调质件，如精密磨床主轴、精密镗床丝杠等。

3. 热处理及性能

合金调质钢的最终热处理为调质处理，以获得回火索氏体组织，具有良好的综合力学性能。对于某些受冲击的表面耐磨零件，也可在调质后进行表面淬火并低温回火，或调质后进行渗氮处理。

三、合金弹簧钢

弹簧能起缓冲、减振和储能等作用。弹簧一般是在交变应力下工作，常见的破坏形式是疲劳破坏。因此，弹簧钢必须具有高的屈服强度和屈强比、弹性极限、抗疲劳性能，以保证弹簧有足够的弹性变形能力并能承受较大的载荷。同时，弹簧钢还应具有一定的塑性与韧性，一定的淬透性，不易脱碳及不易过热。一些特殊弹簧钢还应有耐热性、耐蚀性或在长时间内有稳定的弹性。

表6-3　常用合金调质钢的牌号、化学成分、热处理工艺、力学性能及用途（摘自 GB/T 3077—1999）

牌号	化学成分（质量分数，%）					热处理工艺		力学性能			用途举例
	C	Si	Mn	Cr	其他	淬火温度/℃	回火温度/℃	R_{eL}/MPa	R_m/MPa	A（%）	
								不小于			
40Cr	0.37~0.44	0.17~0.37	0.50~0.80	0.80~1.10	—	850 油	520 水、油	785	980	9	制造承受中等载荷和中等速度工作下的零件，如汽车半轴及机床齿轮、轴、外花键、顶尖套等
40MnB	0.37~0.44	0.17~0.37	1.10~1.40		B 0.0005~0.0035	850 油	500 水、油	785	980	10	代替40Cr钢制造中、小截面重要调质件，如汽车半轴、转向轴、蜗杆，以及机床主轴、齿轮等
35CrMo	0.32~0.40	0.17~0.37	0.40~0.70	0.80~1.10	Mo 0.15~0.25	850 油	550 水、油	835	980	12	通常用作调质件，也可用在中、高频表面淬火或淬火、低温回火后用于高载荷下工作的重要结构件，特别是受冲击、振动、弯曲、扭转载荷的机件，如主轴、大电机轴、曲轴、锤杆等
40CrNi	0.37~0.44	0.17~0.37	0.50~0.80	0.45~0.75	Ni 1.00~1.40	820 油	500 水、油	785	980	10	制造载面较大、载荷较重的零件，如轴、连杆、齿轮轴等
38CrMoAl	0.35~0.42	0.20~0.45	0.30~0.60	1.35~1.65	Mo 0.15~0.25 Al 0.70~1.10	940 水、油	640 水、油	835	980	14	高级渗氮钢，常用于制造磨床主轴、自动车床主轴、精密丝杠、精密齿轮、高压阀门、压缩机活塞杆、橡胶及塑料挤压机上的各种耐磨件
40CrNiMoA	0.37~0.44	0.17~0.37	0.50~0.80	0.60~0.90	Mo 0.15~0.25 Ni 1.25~1.65	850 油	600 水、油	835	980	12	要求韧性好、强度高及大尺寸的重要调质件，如重型机械中高载荷的轴类，直径大于25mm的汽轮机轴、叶片、曲轴等
25Cr2Ni4WA	0.21~0.28	0.17~0.37	0.30~0.60	1.35~1.65	W 0.80~1.20 Ni 4.00~4.50	850 油	550 水、油	930	1 080	11	200mm以下要求淬透的大截面重要零件

注：表中38CrMoAl钢试样毛坯尺寸为 φ30mm，其余牌号合金调质钢试样毛坯尺寸均为 φ25mm。

中碳钢和高碳钢都可用于制造弹簧，但因其淬透性和强度较低，只能用来制造截面较小、受力较小的弹簧。合金弹簧钢则可制造截面较大、屈服强度较高的重要弹簧。

1. 化学成分

合金弹簧钢为中、高碳成分，一般 $w(C) = 0.5\% \sim 0.7\%$，以满足高弹性、高强度的性能要求。加入的合金元素主要是 Si、Mn、Cr，作用是强化铁素体、提高淬透性和耐回火性。但加入过多的 Si，会造成钢在加热时表面容易脱碳；加入过多的 Mn，容易使晶粒长大；加入少量的 V 和 Mo，可细化晶粒，从而进一步提高强度并改善韧性。此外，合金元素还有进一步提高淬透性和耐回火性的作用。

2. 常用合金弹簧钢

常用合金弹簧钢的牌号、化学成分、热处理工艺、力学性能及用途见表6-4。常用的合金弹簧钢有 60Si2Mn、50CrVA、30W4Cr2VA 等。

60Si2Mn 钢是应用最广泛的合金弹簧钢，其生产量约为合金弹簧钢产量的80%。它的强度、淬透性、耐回火性都比碳素弹簧钢高，工作温度达250℃。其缺点是脱碳倾向较大，适于制造厚度小于 10mm 的板簧和截面尺寸小于25mm 的螺旋弹簧，在重型机械、轨道车辆、汽车、拖拉机上都有广泛的应用。

50CrVA 钢的力学性能与 60Si2Mn 钢相近，但淬透性更高，钢中 Cr 和 V 能提高弹性极限、强度、韧性和耐回火性，常用于制作承受重载荷、工作温度较高及截面尺寸较大的弹簧。

30W4Cr2VA 钢是高强度的耐热弹簧钢，用于 500℃ 以下工作的锅炉主安全阀弹簧、汽轮机汽封弹簧等。

3. 热处理

弹簧的热处理工艺可根据成形方法确定。直径或板簧厚度大于10mm的大弹簧，常采用热成形，即将弹簧钢加热到比正常淬火温度高出 50～80℃ 进行热成形，然后利用余热立即淬火并中温回火，得到回火托氏体组织，硬度为 40～48HRC，有较高的弹性极限和疲劳强度，以及一定的塑性和韧性。直径或板簧厚度小于 8～10mm 的小弹簧，常用冷拔弹簧钢丝冷卷成形，成形后只需进行200～300℃去应力退火即可。例如，用淬火钢丝制作弹簧的工艺是：将钢丝冷拔到规定尺寸──加热油淬、中温回火──冷卷成形──去应力退火。

弹簧钢热处理后通常进行喷丸处理，其目的是在弹簧表面产生残余压应力，以提高弹簧的疲劳强度。

表6-4　常用合金弹簧钢的牌号、化学成分、热处理工艺、力学性能及用途

（摘自 GB/T 1222—2007）

牌号	主要化学成分（质量分数，%）					热处理工艺		力学性能			用途举例
	C	Si	Mn	Cr	V	W	淬火温度/℃	回火温度/℃	R_{eL}/MPa	R_m/MPa	A ($A_{11.9}$)(%)
									不小于		
60Si2Mn	0.56~0.64	1.50~2.00	0.70~1.00	≤0.35	—	—	870 油	480	1 180	1 275	(5)	汽车、拖拉机、机车上的减振板簧和螺旋弹簧，气缸安全阀簧，电力机车用升弓钩弹簧，止回阀簧，还可用于250℃以下使用的耐热弹簧
50CrVA	0.46~0.54	0.17~0.37	0.50~0.80	0.80~1.10	0.10~0.20	—	850 油	500	1 130	1 275	10	用作大截面的高载荷重要弹簧及工作温度低于350℃的阀门弹簧、活塞弹簧、安全阀弹簧等
30W4Cr2VA	0.26~0.34	0.17~0.37	≤0.40	2.00~2.50	0.50~0.80	4.00~4.50	1 050~1 100 油	600	1 325	1 470	7	用于工作温度低于或等于500℃的耐热弹簧，如锅炉主安全阀弹簧、汽轮机主阀封弹簧等

注：表中所列性能适用于截面单边尺寸小于或等于80mm的钢材。

四、高碳铬轴承钢

高碳铬轴承钢主要用于制造滚动轴承的内、外圈以及滚动体，如图 6-3 所示。滚动轴承工作时，内、外圈与滚动体的高速相对运动，使其接触面受到强烈的摩擦，因此要求所用材料具有高耐磨性；内、外圈与滚动体的接触面积很小，载荷集中作用于局部区域，使接触处容易压出凹坑，因此要求所用材料具有高硬度；内、外圈与滚动体的接触位置不断变化，受力位置和应力大小也随之不断变化，在这种周期性的交变载荷作用下，内、外圈和滚动体的接触表面会出现小块金属剥落现象，因此要求所用材料具有高的接触疲劳强度。此外，轴承钢还应有一定的韧性和淬透性。

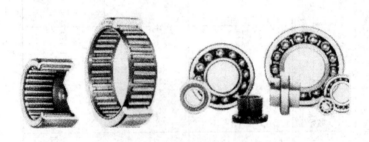

图 6-3　滚动轴承结构

1. 化学成分

滚动轴承钢为高碳成分，$w(C) = 0.95\% \sim 1.10\%$，以保证高硬度和高耐磨性。主要合金元素为 Cr，$w(Cr) = 0.40\% \sim 1.65\%$。Cr 能提高淬透性，并与碳形成颗粒细小而弥散分布的碳化物，使钢在热处理后获得高而均匀的硬度及耐磨性。有时，轴承钢中还加入 Si 和 Mn，以进一步提高其淬透性，用于大型轴承。

2. 牌号表示方法及常用钢号

牌号前用字母"G"表示滚动轴承钢的类别，后附元素符号 Cr 和其平均含量的千分数及其他元素符号，如 GCr4、GCr15、GCr15SiMn、GCr15SiMo、GCr18Mo，目前应用最广泛的是 GCr15。滚动轴承钢虽是制作滚动轴承的专用钢，但其成分与性能接近工具钢，故也可制作冷冲模、精密量具等工具，还可制作要求耐磨的精密零件，如柴油机喷油器、精密丝杠。

常用滚动轴承钢的牌号、化学成分、热处理工艺及用途见表 6-5。

表6-5　常用滚动轴承钢的牌号、化学成分、热处理工艺及用途

（摘自 GB/T 18254—2002）

牌号	化学成分（质量分数,%)							热处理工艺			用途举例
	C	Cr	Mn	Si	Ni + Cu	S	P	淬火温度/℃	回火温度/℃	回火后硬度HRC	
GCr15	0.95 ~ 1.05	1.4 ~ 1.65	0.25 ~ 0.45	0.15 ~ 0.35	≤0.50	≤0.025		825 ~ 845	150 ~ 170	62 ~ 66	壁厚为 20mm 的中、小型套圈，$\phi < 50mm$ 的滚珠
GCr15SiMn	0.95 ~ 1.05	1.40 ~ 1.65	0.95 ~ 1.25	0.45 ~ 0.75	≤0.50	≤0.025		820 ~ 840	150 ~ 170	≥62	壁厚大于 30mm 的大型套圈，$\phi50 ~ \phi100mm$ 的滚珠

3. 热处理

预备热处理为球化退火，可获得细小均匀的球状珠光体。其目的一是降低硬度（硬度为170~210HBW），改善切削加工性能；二是为淬火提供良好的原始组织，从而使淬火及回火后得到最佳的组织和性能。

最终热处理是淬火和低温回火，获得细回火马氏体加均匀分布的细粒状碳化物及少量残留奥氏体，硬度为 61 ~ 65HRC。对精密的轴承钢零件，为保证尺寸稳定性，可在淬火后立即进行冷处理（ -60 ~ -80℃），以尽量减少残留奥氏体量，冷处理后进行低温回火和粗磨，接着在 120 ~ 130 ℃ 进行时效，最后进行精磨。

五、高锰耐磨钢

高锰耐磨钢用于工作时受到剧烈的冲击或较大压力作用、摩擦磨损严重的机械零件，如坦克或拖拉机履带板、球磨机滚筒衬板、破碎机牙板、挖掘机的铲齿及铁路上的道岔等，也可用于制作保险箱钢板、防弹板。

按照 GB/T 5680—2010《奥氏体锰钢铸件》，这类钢中的碳和锰都比较高，碳的质量分数 w（C）=0.70% ~ 1.35%，锰的质量分数 w（Mn）=6% ~ 19%。由于这类钢极易产生冷变形强化，很难进行切削加工，因此大多是铸态的。其牌号用字母 "ZG"（铸、钢两字的汉语拼音字首）后附钢中平均碳含量的万分数、合金元素 Mn 及其含量百分数、其他合金元素及其含量的百分数表示，如牌号 ZG120Mn13，表示平均碳含量为万分之一百二十（即 1.2%）、平均锰含量为13% 的奥氏体锰钢铸件。这类钢有 ZG120Mn7Mo1、ZG110Mn13Mo1、ZG100Mn13、ZG120Mn13 等 10 个牌号。

高锰耐磨钢热处理的方法是：将钢加热到 1 000 ~ 1 050℃，保温一段时间，使钢中碳化物全部溶入奥氏体中，然后在水中快冷，使碳化物来不及析出，得到单相奥氏体组织。这种热处理方法称为水韧处理。水韧处理后硬度并不高，为 180 ~ 220HBW。当它受到剧烈冲击或较大压力作用时，表面迅速产生加工硬化，并伴有马氏体相变，使表面硬度提高到 52 ~ 56 HRC，因而具有高的耐磨性，而心部仍为奥氏体，具有良好的韧性，以承受强烈的冲击力。

必须注意的是高锰耐磨钢只有受到有剧烈的冲击或较大压力作用时，才能使表面产生加工硬化，使其显示出极高的耐磨性，不然高锰耐磨钢是不耐磨的。

◇◇◇◇ 第五节　合金工具钢与高速工具钢

工具钢用于制造各种工具，如量具、刃具、模具等。工具钢按化学成分可分为碳素工具钢、合金工具钢和高速工具钢三类。碳素工具钢已在第五章中介绍，以下主要介绍后两种工具钢。

一、合金工具钢

合金工具钢包括量具刃具钢、冷作模具钢、热作模具钢、塑料模具钢等。

1. 量具刃具钢

量具刃具钢主要用于制造低速切削刃具（如木工工具、钳工工具、钻头、铣刀、拉刀等）及测量工具（如游标卡尺、千分尺、量块、样板等）。

量具刃具钢要求具有高硬度（62 ~ 65HRC）、高耐磨性、足够的强韧性、高的热硬性（即刃具在高温时仍能保持高的硬度）；为保证测量的准确性，要求量具刃具钢具有良好的尺寸稳定性。

（1）量具刃具钢的化学成分　量具刃具钢具有高碳成分，$w(C) = 0.75\%$ ~ 1.45%，以保证高的硬度和耐磨性。加入的合金元素有 Cr、Si、Mn、W 等，用以提高钢的淬透性、耐回火性、热硬性和耐磨性。

（2）常用合金刃具钢　9SiCr 是应用广泛的刃具钢，用于制作要求变形小的各种薄刃低速切削刃具，如板牙、丝锥、铰刀等。

（3）常用量具钢　量具材料应根据其精度要求来选择。高精度量具（如量块）可采用 Cr2、CrWMn 等量具刃具钢制造，也可用轴承钢（如 GCr15）制造；简单量具（如游标卡尺、样板、钢直尺、量规等）多用碳素工具钢（如 T10A）制造；要求精密并需耐蚀的量具，采用不锈钢 30Cr13、95Cr18。

常用量具刃具钢的牌号、化学成分、热处理工艺、力学性能及用途见表6-6。其中 Cr06 钢的平均 $w(C) > 1\%$，为与结构钢区别，不标碳含量数字。

（4）热处理　量具刃具钢的预备热处理为球化退火，最终热处理为淬火 + 低温回火，热处理后硬度达 60 ~ 65HRC。高精度量具在淬火后可进行冷处理，以减少残留奥氏体量，从而增加其尺寸稳定性。为了进一步提高尺寸稳定性，淬火、回火后，还可进行时效处理。

表6-6　常用量具刃具钢的牌号、化学成分、热处理工艺、
力学性能及用途（摘自 GB/T 1299—2000）

牌号	化学成分（质量分数,%）						热处理工艺				用途举例
							淬　火		回　火		
	C	Si	Mn	Cr	S	P	淬火温度/℃	硬度HRC	回火温度/℃	硬度HRC	
9SiCr	0.85 ~ 0.95	1.20 ~ 1.60	0.30 ~ 0.60	0.95 ~ 1.25	≤0.30		820 ~ 860 油	≥62	180 ~ 200	60 ~ 62	制作板牙、丝锥、铰刀、钻头、齿轮铣刀、拉刀等，也可制作冷冲模、冷轧辊等
Cr06	1.30 ~ 1.45	≤0.40	≤0.40	0.50 ~ 0.70	≤0.30		780 ~ 810 水	≥64	—	—	制作刮刀、锉刀、剃刀、外科手术刀、刻刀等
Cr2	0.95 ~ 1.10	≤0.40	≤0.40	1.30 ~ 1.65	≤0.30		830 ~ 860 油	≥62	—	—	制作车刀、插刀、铰刀、钻套、量具、样板、偏心轮、拉丝模、大尺寸冷冲模等

2. 冷作模具钢

冷作模具用于冷态下（工作温度低于 200 ~ 300℃）金属的成形加工，如冷冲模、冷挤压模、剪切模等。

这类模具承受很大的压力、强烈的摩擦和一定的冲击，因此，要求具有高硬度、耐磨性和足够的韧性。此外，形状复杂、精密、大型的模具，还要求具有较高的淬透性和小的热处理变形。

（1）化学成分　冷作模具钢一般具有高的碳含量，$w(C) = 1.0\% ~ 2.0\%$，以获得高硬度和高耐磨性；加入合金元素 Cr、Mo、W、V 等，以提高耐磨性、淬透性和耐回火性。

（2）常用的冷作模具钢　Cr12 型钢包括 Cr12、Cr12MoV 等。这类钢的淬透性及耐磨性好，热处理变形小，常用于大型冷作模具。其中，Cr12MoV 钢除耐磨性不及 Cr12 钢外，强度、韧性都较好，应用最广。尺寸较小的冷作模具可选

用低合金钢 CrWMn、9SiCr 或轴承钢 GCr15。

常用冷作模具钢的牌号、化学成分、热处理工艺及用途见表6-7。

（3）热处理 Cr12 型钢属于莱氏体钢，加工前应进行反复锻打并退火。Cr12 型钢的最终热处理一般为淬火和回火，获得回火马氏体、碳化物和残留奥氏体组织，硬度为 60～64HRC。

3. 热作模具钢

热作模具用于热态金属的成形加工，如热锻模、压铸型、热挤压模等。

热作模具工作时受到比较高的冲击载荷，同时模腔表面要与炽热金属接触并发生摩擦，局部温度可达 500℃以上，并且还要不断反复受热与冷却，常因热疲劳而使模腔表面出现龟裂现象，故要求热作模具钢在高温下具有较高的综合力学性能及良好的耐热疲劳性，此外，必须具有足够的淬透性。

（1）化学成分 热作模具钢为中碳成分，$w(C)=0.3\%～0.6\%$，以获得综合力学性能。钢中合金元素有 Cr、Mn、Ni、Mo、W、Si 等。其中，Cr、Mn、Ni 的主要作用是提高淬透性，W、Mo 的作用是提高耐回火性并防止回火脆性，Cr、W、Mo、Si 的作用是提高钢的耐热疲劳性。

（2）常用热作模具钢 5CrMnMo 和 5CrNiMo 是最常用的热作模具钢。其中，5CrMnMo 钢常用来制造中小型热锻模，5CrNiMo 钢常用于制造大中型热锻模。对于受静压力作用的模具（如压铸模、挤压模等），应选用 3Cr2W8V 钢或 4Cr5W2VSi 钢。

常用热作模具钢的牌号、化学成分、热处理工艺及用途见表6-8。

（3）热处理 热锻模坯料锻造后需进行退火，以消除锻造应力，降低硬度，利于切削加工；最终热处理为淬火、高温（或中温）回火，回火后获得均匀的回火索氏体或回火托氏体，硬度约为 40HRC。

4. 塑料模具钢

塑料模具钢是指制造塑料模具用的钢种。

（1）塑料模具的性能要求 塑料模具所受的应力和磨损较小，主要失效形式为模具表面质量下降，因此应具备以下性能：良好的加工性能，较高的预硬硬度（28～35HRC），便于进行切削加工或电火花加工，易于蚀刻各种图案、文字和符号；良好的抛光性，模具抛光后表面达到高镜面度（一般 Ra 为 0.1～0.012μm）；较高的硬度（热处理后硬度应超过 45～55HRC），良好的耐磨性，足够的强度和韧性；热处理变形小（保证精度），良好的焊接性（便于进行模具焊补）等。

（2）塑料模具钢的牌号、性能及用途 由于塑料模具对力学性能的要求不高，因此材料选择有较大的机动性。常用塑料模具钢的牌号、性能及用途见表6-9。表中所列钢号大多为国产塑料模具钢号，现阶段仍有许多塑料模具采用国外（如日本、美国、德国、瑞典等）钢号或根据国外钢号生产的改良钢种。

表 6-7　常用冷作模具钢的牌号、化学成分、热处理工艺及用途（摘自 GB/T 1299—2000）

牌　号	化学成分（质量分数，%）					P	S	交货状态（退火）	热处理工艺		用　途　举　例
	C	Si	Mn	Cr	其他	不大于		HBW10/3000	淬火温度/℃	硬度 HRC	
CrWMn	0.90 ~ 1.05	≤0.40	0.80 ~ 1.10	0.90 ~ 1.20	W 1.20 ~ 1.60	0.03	0.03	207 ~ 255	800 ~ 830 油	≥62	制作淬火要求变形很小、长而形状复杂的切削刀具，如拉刀，长丝锥，以及形状复杂、高精度的冷冲模
Cr12	2.00 ~ 2.30	≤0.40	≤0.40	11.50 ~ 13.00	—	0.03	0.03	217 ~ 269	950 ~ 1 000 油	≥60	制作耐磨性高、不受冲击、尺寸较大的模具，如冷冲模、冲头、钻套、规、螺纹滚丝模、拉丝模等
Cr12MoV	1.45 ~ 1.70	≤0.40	≤0.40	11.00 ~ 12.50	Mo 0.40 ~ 0.60 V 0.15 ~ 0.30	0.03	0.03	207 ~ 255	950 ~ 1 000 油	≥58	制作截面较大、形状复杂、工作条件繁重的各种冷作模具及螺纹搓丝板等

表 6-8　常用热作模具钢的牌号、化学成分、热处理工艺及用途（摘自 GB/T 1299—2000）

牌　号	化学成分（质量分数，%）					P	S	交货状态（退火）	淬火温度/℃	用　途　举　例
	C	Si	Mn	Cr	其他	不大于		HBW 10/3000		
5CrMnMo	0.50 ~ 0.60	0.25 ~ 0.60	1.20 ~ 1.60	0.60 ~ 0.90	Ni 1.40 ~ 1.80 Mo 0.15 ~ 0.30	0.03	0.03	197 ~ 241	820 ~ 850 油	制作中小型热锻模（边长小于或等于 400mm）等
5CrNiMo	0.50 ~ 0.60	≤0.40	0.50 ~ 0.80	0.50 ~ 0.80	Ni 1.40 ~ 1.80 Mo 0.15 ~ 0.30	0.03	0.03	197 ~ 241	830 ~ 860 油	制作形状复杂、冲击载荷大的各种大、中型热锻模（边长大于 400mm）
3Cr2W8V	0.30 ~ 0.40	≤0.40	≤0.40	2.20 ~ 2.70	Ni 1.40 ~ 1.80 W 7.50 ~ 9.00 V 0.20 ~ 0.50	0.03	0.03	≤255	1 075 ~ 1 125 油	制作压铸型，平锻机上的凸模和凹模、镶块、铜合金挤压模等
4Cr5W2VSi	0.32 ~ 0.42	0.08 ~ 1.20	≤0.40	4.50 ~ 5.50	Ni 1.40 ~ 1.80 W 1.60 ~ 2.40 V 0.60 ~ 1.00	0.03	0.03	≤229	1 030 ~ 1 050 油或空气	可用于高速锤锻模具与冲头，热挤压用模具及芯棒，有色金属压铸型等

表 6-9　常用塑料模具钢的牌号、性能及用途

种类	牌　　号	性能及用途
预硬型①	3Cr2Mo 3Cr2MnNiMo	工艺性能优良，切削加工性和电火花加工性良好，镜面抛光性好，表面粗糙度 Ra 可达 $0.025\mu m$，可渗碳、渗硼、渗氮和镀铬，耐蚀性和耐磨性好，具备了塑料模具钢的综合性能，是目前国内外应用最广的塑料模具钢之一，主要用于制造形状复杂、精密、大型的各种塑料模具和低熔点金属压铸型
非合金型	国产 45、50 和 S45C ~ S58C（日本）	形状简单的小型塑料模具，或精度要求不高、使用寿命不需要很长的塑料模具
	T7、T8、T10、 T11、T12	形状较简单的、小型的热固性塑料模具，要求较高的耐磨性的模具
整体淬硬型	9Mn2V、CrWMn、 9CrWMn、 Cr12、Cr12MoV、 5CrNiMo、5CrMnMo	用于压制热固性塑料、复合强化塑料产品的模具，以及生产批量很大，要求模具使用寿命很长的塑料模具
渗碳型	20、12CrMo、20Cr	较高的强度，而且心部具有较好的韧性，表面高硬度、高耐磨性、良好的抛光性能，塑性好，可以采用冷挤压成型法制造模具。其缺点是模具热处理工艺较复杂、变形大。用于受较大摩擦、较大动载荷、生产批量大的模具
耐腐蚀型	95Cr18、40Cr13、 14Cr17Ni2	用于在成型过程中产生腐蚀性气体的聚苯乙烯等塑料制品和含有卤族元素、福尔马林、氨等腐蚀介质的塑料制品模具

① 为 GB/T 1299—2000《合金工具钢》中的列出的塑料模具钢种。

二、高速工具钢

高速工具钢主要用来制造中、高速切削刀具，如车刀、铣刀、铰刀、拉刀、麻花钻等。高速工具钢的性能特点是具有较高的热硬性，在 500 ~ 600℃时硬度仍不降低。

（1）化学成分　高速工具钢是一种高碳高合金工具钢，$w(C) = 0.70\% \sim 1.60\%$，常加入的合金元素有 W、Mo、Cr、V 等，其中 W、Mo、V 是提高热硬性的主要元素，V 可形成高硬度的碳化物，可显著提高钢的硬度及耐磨性，Cr 可提高钢的淬透性。

（2）常用的高速工具钢　W18Cr4V、W6Mo5Cr4V2 和 W9Mo3Cr4V 为较常用的高速工具钢，这三种钢的产量占目前我国生产和使用的高速工具钢的 95% 以上。常用高速工具钢的牌号、化学成分、热处理工艺及用途见表 6-10。

（3）高速钢的热处理 高速钢属于莱氏体钢，铸态组织中有粗大鱼骨状的合金碳化物，这种碳化物硬而脆，若不消除这种碳化物的不均匀性，制成刀具后将出现早期损坏，使刀具易出现"崩刃"，故必须用反复锻打的方法将其击碎，使碳化物细化并均匀分布在基体上。W18Cr4V 钢锻造后进行退火，以消除内应力，降低硬度，改善切削加工性能，并为淬火做好组织准备。

表 6-10 常用高速工具钢的牌号、化学成分、
热处理工艺及应用（摘自 GB/T 9943—2008）

类别	牌 号	化学成分	试样热处理制度及淬火、回火硬度			硬度 HRC (≥)	应用举例
		碳质量分数（%）	淬火温度/℃		回火温度/℃		
			盐浴炉	箱式炉			
低合金高速工具钢	W3Mo3Cr4V2	0.95～1.03	1 180～1 120	1 180～1 120	540～560	63	机用锯条、钻头、铣刀、拉刀、刨刀等
	W4Mo3Cr4VSi	0.83～0.93	1 170～1 190	1 170～1 190	540～560	63	
普通高速工具钢	W18Cr4V	0.73～0.83	1 250～1 270	1 260～1 280	550～570	63	高速切削车刀、钻头、铣刀、拉刀、锯片、插齿刀，冷热模具等
	W2Mo8Cr4V	0.77～0.87	1 120～1 180	1 120～1 180	550～570	63	
	W6Mo5Cr4V2	0.80～0.90	1 200～1 220	1 210～1 230	540～560	64	
	W6Mo6Cr4V2	1.00～1.10	1 190～1 210	1 190～1 210	550～570	64	
	W9Mo3Cr4V	0.77～0.87	1 200～1 220	1 220～1 240	540～560	64	
高性能高速工具钢	W6Mo5Cr4V3	1.15～1.25	1 190～1 210	1 200～1 220	540～560	64	拉刀、滚刀、螺纹梳刀、铣刀、车刀、刨刀、钻头、丝锥。高温振动刀具，高精度复杂刀具，成形铣刀，精密拉刀等
	W6Mo5Cr4V4	1.25～1.40	1 200～1 220	1 200～1 220	550～570	64	
	W12Cr4V5Co5	1.50～1.60	1 220～1 240	1 230～1 250	540～560	65	
	W6Mo5Cr4V3Co8	1.23～1.33	1 170～1 190	1 170～1 190	550～570	65	
	W2Mo9Cr4VCo8	1.05～1.15	1 170～1 190	1 180～1 200	540～560	66	

W18Cr4V 钢的最终热处理为高温淬火和多次回火。W18Cr4V 钢的淬火温度高达 1 270～1 280℃，淬火冷却后得到马氏体、碳化物和残留奥氏体（体积分数为 20%～30%）；回火采用 560℃三次回火。多次回火的主要目的是消除淬火组织中较多的残留奥氏体，使其转变成马氏体；三次回火还能使马氏体中析出更多的碳化物，产生二次硬化，提高热硬性，热处理后高速工具钢的硬度可达 63～66HRC。

❖❖❖ 第六节 不锈钢和耐热钢

一、不锈钢

不锈钢是不锈钢和耐酸钢的统称，应能够抵抗空气、蒸汽、酸、碱、盐等腐蚀性介质的腐蚀。不锈钢主要用来制造在各种腐蚀介质中工作的零件或构件，如化工装置中的管道、阀门、泵，医疗手术器械，防锈刃具和量具等。

1. 不锈钢的化学成分

不锈钢的耐蚀性随着碳含量的增加而降低，因此大多数不锈钢的碳含量均较低，有些钢的碳含量甚至低于 0.03%（如 022Cr12 钢）。不锈钢中的主要合金元素是 Cr，只有当 Cr 含量达到一定值时，钢才有耐蚀性。因此，不锈钢一般碳含量均在 13% 以上。不锈钢中还含有 Ni、Ti、Mn、N、Nb 等元素。

2. 常用不锈钢及其热处理

不锈钢常按组织状态，分为马氏体不锈钢、铁素体不锈钢和奥氏体不锈钢等；另外，还可按成分分为铬不锈钢、铬镍不锈钢和铬锰氮不锈钢等。

（1）马氏体不锈钢 马氏体不锈钢的常用牌号有 12Cr13、30Cr13 等，因碳含量较高，故具有较高的强度、硬度和耐磨性，但耐蚀性稍差，用于力学性能要求较高、耐蚀性能要求一般的一些零件上，如弹簧、汽轮机叶片、水压机阀等。这类钢在淬火、回火处理后使用。

（2）铁素体不锈钢 铁素体不锈钢的常用牌号有 10Cr17 等，加热时没有组织转变，为单相铁素体组织，故不能用热处理强化，通常在退火状态下使用。这类钢能抵抗大气、硝酸及盐水溶液的腐蚀，并具有高温抗氧化性能好、热膨胀系数小等特点，用于硝酸及食品工厂设备，也可制作在高温下工作的零件，如燃气轮机零件等。

（3）奥氏体不锈钢 奥氏体不锈钢的常用牌号有 12Cr18Ni9、06Cr19Ni10N 等。这类钢中含有大量的 Ni 和 Cr，使钢在室温下呈奥氏体状态。这类钢具有良好的塑性、韧性、焊接性和耐蚀性能，在氧化性和还原性介质中耐蚀性均较好，用于制作耐酸设备，如耐蚀容器及设备衬里、输送管道、耐硝酸的设备零件等。

奥氏体不锈钢一般采用固溶处理强化，即将钢加热至 1 010 ~ 1 150℃，然后水冷，以获得单相奥氏体组织。

常用不锈钢的牌号、化学成分、热处理工艺、力学性能及用途见表6-11。

表 6-11　常用不锈钢的牌号、化学成分、热处理工艺、力学性能及用途

类别	新牌号(旧牌号)	化学成分(质量分数,%)					热处理		力学性能			用途举例
		C	Cr	Ni	Mn	其他	淬火温度/℃	回火温度/℃	R_m/MPa	A(%)	HBW	
马氏体型	20Cr13*(2Cr13)	0.16~0.25	12.00~14.00	≤0.60	≤1.00	Si ≤1.00	920~980 油	600~750 快冷	≥640	≥20	≥192	用于承受高负荷的零件,如汽轮机叶片、热油泵、叶轮
	40Cr13(4Cr13)	0.36~0.45	12.00~14.00	≤0.60	≤0.80	Si ≤0.60	1 050~1 100 油	200~300 快冷	—	—	≥50 HRC	用于外科医疗用具、阀门、轴承、弹簧等
铁素体型	06Cr13Al*(0Cr13Al)	≤0.08	11.50~14.50	≤0.60	≤1.00	Al 0.1~0.3	退火 780~850		≥410	≥20	≤183	用于石油精制装置,压力容器衬里,蒸汽透平叶片等
	10Cr17(1Cr17)	≤0.12	16.00~18.00	≤0.60	≤1.00	Si ≤1.00	退火 780~850		≥450	≥22	≤183	耐蚀性良好的通用不锈钢,用于建筑装饰、家用电器、家庭用具
奥氏体型	12Cr18Ni9*(1Cr18Ni9)	≤0.15	17.00~19.00	8.00~10.00	≤2.00	N ≤0.10	固溶处理 1 010~1 150 快冷		≥520	≥40	≤187	经冷加工有高的强度,用于建筑装饰部件
	06Cr19Ni10*(0Cr18Ni9)	≤0.08	≤1.00	8.00~11.00	≤2.00	—	固溶处理 1 010~1 150 快冷		≥520	≥40	≤187	应用最广,制作食品、化工、核能设备用的零件

注:标"*"的钢也可以作为耐热钢使用。

二、耐热钢与高温合金

1. 耐热钢与高温合金的性能要求

工业上的许多结构件是在300℃以上的高温下使用的，如火箭发动机、燃气涡轮机、石油化工设备、汽轮机、电站锅炉等高温部件。耐热钢与高温合金是适合于在高温下使用的金属材料，即在高温下具有耐热性的材料。钢的耐热性包括"热强性"与"抗氧化性"。除此以外，高温下使用的金属材料，要求的力学性能与室温下的材料具有很大的差异，提出下列性能要求：

（1）具有抗氧化性 是指在高温介质中能抵抗氧化或腐蚀的能力。

（2）具有热强性 是指金属在高温下具有较高的强度，不至于产生过量的塑性变形或断裂。

（3）具有高温抗蠕变性 高温蠕变是指在高温下使用的材料，当温度 $T \geqslant (0.3 \sim 0.5) T_m$（$T_m$ 为熔点，单位为 K）时，即使所受应力远低于屈服强度，材料随加载时间的延长也会缓慢地产生塑性变形的现象。材料具有高温抗蠕变性能，能够防止在高温下产生热松弛和热疲劳。

（4）其他性能 高温下使用的材料应具有良好的热传导性，较小的热膨胀性，良好的铸造性、可锻性、焊接性等。

2. 耐热钢与高温合金的分类

（1）耐热钢的分类 耐热钢的使用温度可达到 700 ~ 850℃。耐热钢一般碳含量较低，通常加入合金元素 Cr、Mo、W、Al、Si、Ni、Ti 等。根据服役条件的不同，耐热钢分为热强钢与抗氧化钢两类。

热强钢是以高温强度为主，能承受较大的载荷，并具有一定的抗氧化性的金属材料。其失效的主要形式是高温强度不足，主要应用范围是锅炉管道、紧固件、汽轮机转子、叶片、排气阀等。

抗氧化钢是以高温下抗氧化性或高温下抗介质腐蚀为主的金属材料。其失效的主要形式是高温氧化，而承受载荷一般不大，故又称为热稳定钢或不起皮钢，主要应用于工业炉构件，如炉底板、马弗罐、料架、辐射管等。

（2）高温合金的分类 高温合金的使用温度可达到 600 ~ 1200℃，其开发与应用始于现代航空航天工业的发展。高温合金通常为单一的奥氏体组织，一般合金化程度较高，根据基体元素的不同，可以分为铁基高温合金、镍基高温合金、钴基高温合金。

耐热钢与高温合金的分类见表 6-12。

表6-12 耐热钢与高温合金的分类

类 型	常用种类	特性、应用
耐热钢 GB/T 1221—2007	马氏体型	热强钢，典型钢号有 12Cr13、20Cr13、15Cr12WMoV 等，是在铬不锈钢基础上发展而来的，使用温度为 450～850℃，主要用于汽轮机叶片、内燃机气阀等
	奥氏体型	可用作热强钢和抗氧化钢，典型钢号有 06Cr18Ni11Ti、06Cr25Ni20、16Cr23Ni13、06Cr19Ni10、26Cr18Mn12Si2N 等，使用温度为 600～1 000℃。作为热强钢，用于汽车发动机气阀、蒸汽过热器、动力装置管路、燃气轮机叶片等；作为抗气化钢，用于热处理炉构件，如渗碳炉罐、传送带、炉底板、料盘、炉管等
	铁素体型	抗氧化钢，典型钢号有 06Cr13Al、022Cr12、10Cr17、16Cr25N 等。作为抗氧化钢，使用温度一般低于 900℃，用于热处理炉构件、锅炉燃烧室、油喷嘴、汽车排气阀净化装置等
高温合金 GB/T 14992—2005	铁基（铁镍基）高温合金	使用温度低于 950℃，典型钢号有 GH1015、GH2130、GH2132、GH2135 等。用于涡轮发动机燃烧室零件和加力室零件，如增加器叶轮、燃气涡轮叶轮等
	镍基高温合金	使用温度达 1 100℃，典型钢号有 GH3030、GH3128、GH4037、GH4049、K403、K417 等。用于火箭发动机以及燃气轮机关键热端部件，如涡轮叶片、涡轮盘、排气阀等
	钴基高温合金	工作温度可达 730～1 100℃，典型钢号有 GH5188、GH6159、GH5605、K640 等。用于航空发动机、工业燃汽轮机、船舶燃汽轮机导向叶片，喷嘴导向叶片，柴油机喷嘴等

复习思考题

1. 什么是低合金钢和合金钢？

2. 合金元素在钢中的主要作用是什么？

3. 试解释下列现象：

（1）Q345 钢与 Q235 钢的碳含量基本相同，但前者的强度明显高于后者，为什么？

（2）将 20CrMnTi 钢、20 钢同时加热到 950℃并保温一段时间，发现前者的奥氏体晶粒很细小而后者的奥氏体晶粒粗大，为什么？

4. 为什么渗碳钢采用低碳成分？为什么渗碳处理后要进行淬火和低温回火？

5. 什么是调质钢？为什么调质钢大多采用中碳成分？

6. 弹簧钢的化学成分有何特点？弹簧怎样进行热处理？

7. 有人说："滚动轴承钢是专用钢，只能制作滚动轴承，而不能制作其他零件用。"这句话对吗？为什么？

8. 耐磨钢的使用场合有何特点？为什么耐磨钢要进行"水韧处理"？

9. 合金工具钢有哪几种？合金工具钢能制作中、高速切削的刀具吗？

10. 高速工具钢的成分和性能有何特点？高速工具钢怎样进行热处理？

11. 什么叫不锈钢？不锈钢是如何分类的？

12. 下列零件及工具如果材料用错，在使用过程中会出现哪些问题？

（1）把 45 钢当作 20CrMnTi 钢制造齿轮。

（2）把 T12 钢当作 W18Cr4V 钢制造钻头。

（3）把 20 钢当作 60Si2Mn 钢制造弹簧。

13. 说明下列牌号钢的类型、碳及合金元素的含量。

Q345、 20CrMnTi、 40Cr、 60Si2Mn、 GCr15、 ZG100Mn13、 9SiCr、 W18Cr4V、12Cr18Ni9、5CrMnMo

第 七 章

铸　铁

培训学习目标　了解铸铁的分类，铸铁的石墨化及影响因素；熟悉常用铸铁件的牌号、组织、性能、用途。

铸铁是碳的质量分数大于 2.11% 的铸造铁碳硅合金。从成分上看，铸铁与钢的主要区别在于铸铁比碳素钢中碳和硅的含量高，同时硫、磷含量也较高。一般铸铁的成分范围是：$w(C) = 2.5\% \sim 4.0\%$，$w(Si) = 1.0\% \sim 2.5\%$，$w(Mn) = 0.5\% \sim 1.4\%$，$w(P) \leqslant 0.3\%$，$w(S) \leqslant 0.15\%$。常用的铸铁具有优良的铸造性能，生产工艺简便，成本低，所以应用广泛，通常机器的 50%（以重量计）以上是铸铁件。

◆◆◆ 第一节　铸铁的基本知识

一、铸铁的分类

碳在铸铁中的存在形式有两种：渗碳体和石墨（石墨用符号 G 表示）。根据碳的存在形式，铸铁可分为以下几类：

1. 白口铸铁

在白口铸铁中，碳除少量溶入铁素体外，绝大部分以渗碳体的形式存在。其因断口呈银白色，故称为白口铸铁。白口铸铁硬度高，脆性大，难以切削加工，故很少直接用来制造机械零件，主要用作炼钢原料、可锻铸铁的毛坯，以及不需要切削加工但要求硬度高和耐磨性好的零件，如轧辊、犁铧及球磨机的磨球等。

2. 灰铸铁

在灰铸铁中，碳主要以石墨的形式存在，断口呈灰色。这类铸铁是工业上最常用的铸铁。

3. 麻口铸铁

在麻口铸铁中，碳一部分以石墨存在，另一部分以渗碳体存在，断口呈黑白相间。这类铸铁的脆性较大，故很少使用。

工业上最常用的灰铸铁，根据石墨的存在形式不同，可分为以下四类：

（1）灰铸铁　碳主要以片状石墨形式存在的铸铁。

（2）球墨铸铁　碳主要以球状石墨形式存在的铸铁。

（3）可锻铸铁　碳主要以团絮状石墨形式存在的铸铁。

（4）蠕墨铸铁　碳主要以蠕虫状石墨形式存在的铸铁。

此外，为了进一步提高铸铁的性能或得到某种特殊性能，在铸铁中加入一种或多种合金元素（Cr、Cu、W、Al、B等）可得到合金铸铁，如耐磨铸铁、耐蚀铸铁、耐热铸铁等。

二、铸铁的石墨化及影响因素

1. 石墨化过程

铸铁中碳以石墨形态析出的过程叫作铸铁的石墨化。当铸铁结晶时，石墨化若能充分或大部分进行，则能获得常用的灰铸铁，反之将会得到白口铸铁。

当铁碳合金结晶时，碳更容易形成渗碳体，但在具有足够扩散时间（冷却速度缓慢）的条件下，碳也会以石墨的形态析出；石墨还可通过渗碳体在高温下的分解获得。由此可见，渗碳体是一种亚稳相，而石墨才是一种稳定相。

铸铁在结晶过程中，随着温度的下降，各温度阶段都有石墨析出。石墨化过程是一个原子扩散的过程，温度越低，原子扩散越困难，越不易石墨化。由于石墨化程度不同，铸态下铸铁将获得三种不同的组织：铁素体基体+石墨，铁素体-珠光体基体+石墨，珠光体基体+石墨。

2. 影响石墨化的因素

（1）化学成分的影响　C和Si对铸铁的石墨化起决定性作用。C是形成石墨的基础，增大铸铁中C的含量，有利于形成石墨。Si是强烈促进石墨化的元素，Si含量越高，石墨化进行得越充分，越易获得灰口组织。

S是强烈阻碍石墨化的元素。S使C以渗碳体的形式存在，促使铸铁白口化。此外，S还会降低铸铁的力学性能和流动性。因此，铸铁中S含量越少越好。

Mn是阻止石墨化的元素，它促进白口化。但Mn与S化合形成MnS，可减弱S对石墨化的不利影响，故铸铁中允许含有适量的Mn。

P是微弱促进石墨化的元素，它能提高铸铁的流动性。但其含量过高时，会增加铸铁的冷裂倾向，因此通常要限制P的含量。

（2）冷却速度的影响 缓慢冷却时碳原子扩散充分，易形成稳定的石墨，即有利于石墨化。铸造生产中凡影响冷却速度的因素均对石墨化有影响。例如，铸件壁越厚，铸型材料的导热性越差，越有利于石墨化。

化学成分和冷却速度对石墨化的影响如图 7-1 所示。由图 7-1 可见，铸件壁越薄，C、Si 含量越低，越易形成白口组织。因此，调整 C、Si 含量及冷却速度是控制铸铁石墨化的关键。

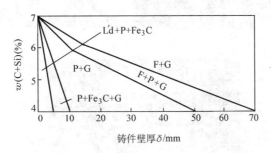

图 7-1 化学成分和冷却速度对石墨化的影响

◇◇◇ 第二节 灰 铸 铁

一、灰铸铁的组织和性能

灰铸铁的组织可看成是碳素钢的基体加片状石墨。按基体组织的不同，灰铸铁分为三类，即铁素体基体灰铸铁、铁素体-珠光体基体灰铸铁、珠光体基体灰铸铁。其显微组织如图 7-2 所示。

1. 力学性能

灰铸铁的力学性能与基体的组织和石墨的形态有关。由于石墨的力学性能几乎为零，因此可以把铸铁看成是布满裂纹或空洞的钢。一方面，石墨不仅破坏了基体的连续性，而且减少了金属基体承受载荷的有效截面积，使实际应力大大增加；另一方面，在石墨尖角处易造成应力集中，使尖角处的应力远大于平均应力。所以，灰铸铁的抗拉强度、塑性和韧性远低于钢。石墨片的数量越多、尺寸越大、分布越不均匀，对力学性能的影响就越大。但石墨的存在对灰铸铁的抗压强度影响不大，因为抗压强度主要取决于灰铸铁的基体组织，因此灰铸铁的抗压强度与钢相近。

基体组织对铸铁的力学性能也有一定的影响，不同基体组织的灰铸铁性能是有差异的。铁素体基体灰铸铁的强度和硬度最低，故应用较少；珠光体基体灰铸

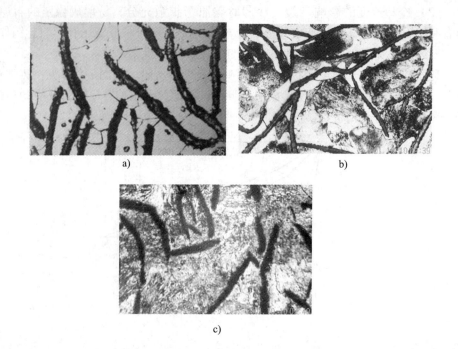

图 7-2　灰铸铁的显微组织

a）铁素体基体灰铸铁　b）铁素体-珠光体基体灰铸铁　c）珠光体基体灰铸铁

铁有较高的强度和硬度，主要用来制造较重要的铸件；铁素体-珠光体基体灰铸铁的强度和硬度介于前两者之间。工业上较多使用的是珠光体基体的灰铸铁。

2. 其他性能

石墨虽然降低了灰铸铁的力学性能，但是给灰铸铁带来一系列其他的优良性能。

（1）良好的铸造性能　灰铸铁铸造成型时，不仅流动性好，而且还因为在凝固过程中析出比体积较大的石墨，减小凝固收缩，容易获得优良的铸件，表现出良好的铸造性能。

（2）良好的减振性　石墨对铸铁件承受振动能起缓冲作用，减弱晶粒间振动能的传递，并将振动能转变为热能，所以灰铸铁具有良好的减振性。

（3）良好的耐磨性能　石墨本身也是一种良好的润滑剂，脱落在摩擦面上的石墨可起润滑作用，因而灰铸铁具有良好的耐磨性能。

（4）良好的切削加工性能　在进行切削加工时，石墨起着减摩、断屑的作用；由于石墨脱落形成显微凹穴，起储存切削液的作用，可减轻刀具磨损，故灰铸铁的可加工性能良好。

（5）低的缺口敏感性　片状石墨相当于许多微小缺口，从而降低了铸件对缺口的敏感性，因此表面加工质量不高或组织缺陷对铸铁疲劳强度的不利影响要比对钢的影响小得多。

由于灰铸铁具有以上一系列性能特点，因此被广泛地用于制作各种受压应力作用和要求消振的机床床身与机架、结构复杂的壳体与箱体、承受摩擦的缸体与导轨等。

二、灰铸铁的孕育处理

生产中在浇注前向铁液中加入少量孕育剂（如硅铁和硅钙合金），可形成大量的、高度弥散的难熔质点，成为石墨的结晶核心，以促进石墨的形核，从而得到细珠光体基体和细小均匀分布的片状石墨，这种方法称为孕育处理。孕育处理后得到的铸铁叫作孕育铸铁。

孕育铸铁的强度和韧性都优于普通灰铸铁，而且孕育处理使得不同壁厚铸件的组织比较均匀，性能基本一致。故孕育铸铁常用于制造力学性能要求较高而截面尺寸变化较大的大型铸件。

三、灰铸铁的热处理

灰铸铁的力学性能在很大程度上受到石墨相的支配，而热处理只能改变基体的组织，不能改变石墨的形态，因而通过热处理方法不可能明显提高灰铸铁件的力学性能。灰铸铁的热处理主要用于消除铸件内应力和白口组织，稳定尺寸，提高表面硬度和耐磨性等。灰铸铁常用的热处理方法有以下几种：

1. 去应力退火

用以消除铸件在凝固过程中因冷却不均匀而产生的铸造应力，防止铸件产生变形和裂纹。其工艺是将铸件加热到 500～600℃，保温一段时间后随炉缓冷至 150～200℃以下出炉空冷。有时把铸件在自然环境下放置很长一段时间，使铸件内应力得到释放，这种方法叫作自然时效。大型灰铸铁件可以采用此方法来消除铸造应力。

2. 石墨化退火

石墨化退火用于消除白口组织，降低硬度，改善切削加工性能。其方法是将铸件加热到 850～900℃，保温 2～5h，然后随炉缓冷至 400～500℃出炉空冷，使渗碳体在保温和缓冷过程中分解而形成石墨。

3. 表面淬火

表面淬火可提高铸件表面硬度和延长使用寿命。机床导轨表面和内燃机气缸套内壁等灰铸铁件的工作表面，需要有较高的硬度和耐磨损性能，可以采用表面淬火的方法。常用的表面淬火方法有高（中）频感应淬火和接触电阻加热淬火。

四、灰铸铁的牌号、性能及用途

灰铸铁的牌号是用"HT"（"灰铁"两字汉语拼音字首）和最小抗拉强度 R_m 值（用 $\phi30mm$ 试棒的抗拉强度）表示。例如，牌号 HT250 表示 $\phi30mm$ 试棒的最小抗拉强度 R_m 为 250MPa 的灰铸铁。设计铸件时，应根据铸件受力处的主要壁厚或平均壁厚选择铸铁牌号。灰铸铁的牌号、力学性能及用途见表 7-1。

表 7-1　灰铸铁的牌号、力学性能及用途（摘自 GB/T 9439—2010）

铸铁类别	牌号	力学性能		用　途　举　例
		R_m/MPa	HBW	
铁素体基体灰铸铁	HT100	100	≤170	适用于载荷小，对摩擦和磨损无特殊要求的不重要铸件，如防护罩、盖、油盘、手轮、支架、底板、重锤、小手柄等
铁素体-珠光体基体灰铸铁	HT150	150	125～205	适用于承受中等载荷的铸件，如机座、支架、箱体、刀架、床身、轴承座、工作台、带轮、端盖、泵体、阀体、管路、飞轮、电机座等
珠光体基体灰铸铁	HT200	200	150～230	适用于承受较大载荷和要求一定的气密性或耐蚀性等较重要铸件，如气缸、齿轮、机座、飞轮、床身、气缸体、气缸套、活塞、齿轮箱、制动盘、联轴器盘、中等压力阀体等
	HT225	225	170～240	
	HT250	250	170～240	
	HT275	275	190～260	
孕育铸铁	HT300	300	200～275	适用于承受高载荷、耐磨和高气密性重要铸件，如重型机床、剪床、压力机、自动车床的床身、机座、机架、高压液压件、活塞环、受力较大的齿轮、凸轮、衬套、大型发动机的曲轴、气缸体、气缸套、气缸盖等
	HT350	350	220～290	

注：本表所列力学性能是指用 $\phi30mm$ 的单铸试样测得的力学性能，实际铸铁的力学性能与其壁厚有关。

◈◈◈ 第三节　球墨铸铁

一、球墨铸铁的生产特点

球墨铸铁是通过对铁液的球化处理获得的。球墨铸铁生产中能使石墨结晶成球状的物质称为球化剂。将球化剂加入铁液的处理工艺称为球化处理。目前常用的球化剂有镁、稀土元素和稀土镁合金三种。其中，稀土镁合金球化剂由稀土、硅铁、镁组成，性能优于镁和稀土元素，应用最广泛。

由于镁及稀土元素都强烈阻碍石墨化，因此，在进行球化处理的同时（或随后），必须加入孕育剂进行孕育处理，其作用是削弱白口倾向，以免出现白口组织。同时，孕育处理可以改善石墨的结晶条件，使石墨球径变小，数量增多，形状圆整，分布均匀，从而提高铸铁的力学性能。

二、球墨铸铁的组织和性能

球墨铸铁的组织可看成是碳素钢的基体加球状石墨。按基体组织的不同，常用的球墨铸铁有铁素体基体球墨铸铁、铁素体-珠光体基体球墨铸铁、珠光体基体球墨铸铁和下贝氏体基体球墨铸铁等，如图 7-3 所示。

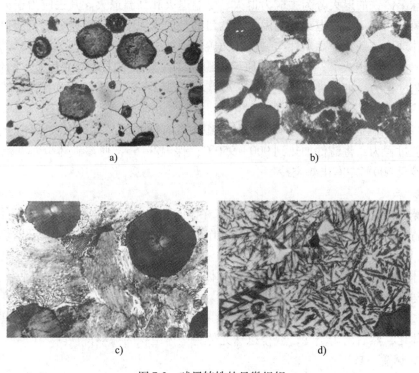

图 7-3 球墨铸铁的显微组织

a）铁素体基体球墨铸铁 b）铁素体-珠光体基体球墨铸铁
c）珠光体基体球墨铸铁 d）下贝氏体基体球墨铸铁

球状石墨对基体的割裂作用明显减小，应力集中减轻，因此能充分发挥基体的性能，基体强度的利用率可达 70% 以上，而灰铸铁只有 30% 左右，所以球墨铸铁的强度、塑性与韧性都大大优于灰铸铁，可与相应组织的铸钢相媲美。球墨铸铁中石墨球越圆整、球径越小、分布越均匀，其力学性能越好。

球墨铸铁不仅力学性能远远超过灰铸铁，而且同样具有灰铸铁的一系列优点，如良好的铸造性、减振性、减摩性、切削加工性及低的缺口敏感性等。球墨铸铁的缺点是凝固收缩较大，容易出现缩松与缩孔，熔铸工艺要求高，铁液成分要求严格，此外它的消振能力也比灰铸铁低。

三、球墨铸铁的热处理

球墨铸铁的力学性能在很大程度上受到基体的支配。铸态下的球墨铸铁基体组织一般为铁素体与珠光体。球墨铸铁常用热处理方法来改变基体组织，从而获得所需的性能。球墨铸铁常用的热处理方法有以下几种：

1. 退火

球墨铸铁的退火分为去应力退火、低温退火和高温退火。其去应力退火工艺与灰铸铁相同。低温退火和高温退火的目的是使组织中的渗碳体分解，获得铁素体基体球墨铸铁，提高塑性与韧性，改善切削加工性能。

（1）低温退火　适用于铸铁原始组织为"铁素体＋珠光体＋石墨"的情况。其工艺过程为：将铸件加热至700~760℃，保温2~8h，使珠光体中的渗碳体分解，然后随炉缓冷至600℃左右出炉空冷。

（2）高温退火　适用于铸铁原始组织中既有珠光体又有自由渗碳体的情况。其工艺过程为：将铸件加热到900~950℃，保温2~5h，使渗碳体分解，然后随炉缓冷至600℃左右出炉空冷。

2. 正火

球墨铸铁正火的目的是增加基体中珠光体的数量，或获得全部珠光体基体，起细化晶粒，提高铸件的强度和耐磨性能的作用。正火分为低温正火和高温正火。

（1）低温正火　将铸件加热到820~860℃，保温1~4h，使基体组织部分奥氏体化，然后出炉空冷，获得以铁素体-珠光体为基体组织的球墨铸铁，铸件塑性与韧性较好，但强度较低。

（2）高温正火　将铸件加热到880~950℃，保温1~3h，使基体组织全部奥氏体化，然后出炉空冷，获得以珠光体为基体组织的球墨铸铁。

3. 调质处理

将铸件加热到860~920℃，保温2~4h后在油中淬火，然后在550~600℃回火2~4h，得到回火索氏体加球状石墨的组织，具有良好的综合力学性能，用于受力复杂和综合力学性能要求高的重要铸件，如曲轴、连杆等。

4. 等温淬火

将铸件加热到850~900℃，保温后迅速放入250~350℃的盐浴中等温60~90min，然后出炉空冷，获得下贝氏体基体加球状石墨的组织，使综合力学性能良好，用于形状复杂，热处理易变形开裂，要求强度高，塑性和韧性好，截面尺寸不大的零件。

四、球墨铸铁的牌号及用途

球墨铸铁的牌号用"QT"（"球铁"两字汉语拼音字首）后附最低抗拉强度 R_m 值（MPa）和最低断后伸长率的百分数表示。例如，牌号 QT700-2，表示最低抗拉强度 R_m 为 600MPa，最低断后伸长率 A 为 2% 的球墨铸铁。

球墨铸铁的力学性能优于灰铸铁，与钢相近，可用它代替铸钢和锻钢制造各种载荷较大、受力较复杂和耐磨损的零件。例如，珠光体基体球墨铸铁常用于制造汽车、拖拉机或柴油机中的曲轴、连杆、凸轮轴、齿轮，机床中的主轴、蜗杆、蜗轮等；铁素体基体球墨铸铁多用于制造受压阀门、机器底座、汽车后桥壳等。球墨铸铁的牌号、基体组织、力学性能及用途见表 7-2。

表 7-2 球墨铸铁的牌号、力学性能及用途（摘自 GB/T 1348—2009）

牌　号	基本组织类型	力学性能				用途举例
		R_m/MPa	$R_{p0.2}$/MPa	A（%）	HBW	
		不大于				
QT350-22L QT350-22R QT350-22	铁素体	350	220	22	≤160	高速电力机车及磁悬浮列车铸件，寒冷地区工作的起重机部件、汽车部件、农机部件等 核燃料储存运输容器，风电轮毂，排泥阀阀体、阀盖环等
QT400-18L QT400-18R QT400-18		400	250	18	120～175	承受冲击、振动的零件，如汽车和拖拉机的轮毂、驱动桥壳、差速器壳、拨叉，农机具零件，中低压阀门，上、下水管道及输气管道，压缩机上的高低压气缸，电机机壳，齿轮箱，飞轮壳等
QT400-15		400	250	15	120～180	
QT450-10		450	310	10	160～210	
QT500-7	铁素体＋珠光体	500	320	7	170～230	机器座架、传动轴、飞轮、电动机架、内燃机的机油泵齿轮、铁路机车车辆轴瓦等
QT550-5		550	350	5	180～250	
QT600-3		600	370	3	190～270	载荷大、受力复杂的零件，如汽车和拖拉机的曲轴、连杆、凸轮轴、气缸套，部分磨床、铣床、车床的主轴，机床蜗杆、蜗轮，轧钢机轧辊、大齿轮，小型水轮机主轴，气缸体，桥式起重机大小滚轮等
QT700-2	珠光体	700	420	2	225～305	
QT800-2	珠光体或回火组织	800	480	2	245～335	
QT900-2	贝氏体或回火马氏体	900	600	2	280～360	高强度齿轮，如汽车后桥弧齿锥齿轮，大减速器齿轮，内燃机曲轴、凸轮轴等

注：牌号后字母"L"表示该牌号有低温（－20℃或－40℃）下的冲击性能要求；字母"R"表示该牌号有室温（23℃）下的冲击性能要求。

◈◈◈ 第四节 可锻铸铁

一、可锻铸铁的生产特点

在可锻铸铁生产过程中，先获得白口铸铁，再进行石墨化退火，最终获得可锻铸铁。石墨化退火工艺曲线如图7-4所示。将白口铸铁加热到900～980℃，使铸铁组织转变为奥氏体加渗碳体，在此温度下长时间保温，使渗碳体分解为团絮状石墨，这时铸铁组织为奥氏体加石墨，随后按冷却曲线①在Ar_1线附近缓慢冷却，使石墨化充分进行，可获得铁素体基体可锻铸铁；按曲线②快速冷却，可获得珠光体基体可锻铸铁。可锻铸铁的显微组织如图7-5所示。

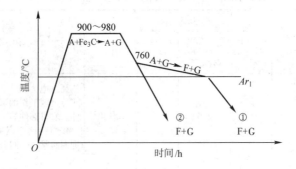

图7-4 石墨化退火工艺曲线

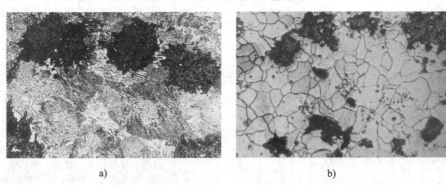

图7-5 可锻铸铁的显微组织

a）珠光体基体可锻铸铁 b）铁素体基体可锻铸铁

二、可锻铸铁的组织和性能

可锻铸铁由于石墨呈团絮状，大大减弱了对基体的割裂作用，与灰铸铁相比，具有较高的力学性能，尤其具有较高的塑性和韧性，因此被称为可锻铸铁，但实际上可锻铸铁并不能锻造。

与球墨铸铁相比，可锻铸铁具有质量稳定，铁液处理简易，容易组织流水线生产，但生产周期长。在缩短可锻铸铁退火周期技术取得很大进展后，可锻铸铁具有了较好的发展前途，在汽车、拖拉机中得到了广泛应用。

三、可锻铸铁的牌号及用途

可锻铸铁的牌号用"KTH"（"可铁黑"三字汉语拼音字首）或"KTZ"（"可铁珠"三字汉语拼音字首）或"KTB"（"可铁白"三字汉语拼音字首）后附最低抗拉强度 R_m 值（MPa）和最低断后伸长率 A 的百分数表示。例如，牌号 KTH 350-10 表示最低抗拉强度 R_m 为 350MPa，最低断后伸长率 A 为 10% 的黑心可锻铸铁，即铁素体基体可锻铸铁；KTZ 650-02 表示最低抗拉强度 R_m 为 650MPa，最低断后伸长率 A 为 2% 的珠光体基体可锻铸铁。

黑心可锻铸铁的强度、硬度低，塑性、韧性好，用于载荷不大，承受较高冲击、振动的零件。珠光体基体可锻铸铁，因具有高的强度、硬度，可用于载荷较高、耐磨损并有一定韧性要求的重要零件。可锻铸铁的牌号、力学性能及用途见表 7-3。

表 7-3 可锻铸铁的牌号、力学性能及用途（摘自 GB/T 9440—2010）

种类	牌号	试样直径/mm	力学性能				用途举例
			R_m/MPa	$R_{p0.2}$/MPa	A（%）	HBW	
			不小于				
铁素体基体可锻铸铁	KTH300-06	12 或 15	300	—	6	≤150	弯头、三通管件、中低压阀门等承受低载荷及静载荷，要求气密性的零件
	KTH330-08		330	—	8		扳手、犁刀、犁柱、车轮壳等承受中等动载荷的零件
	KTH350-10		350	200	10		汽车、拖拉机前后轮壳，减速器壳，转向节壳、制动器及铁道零件等承受较高冲击、振动的零件
	KTH370-12		370	—	12		
珠光体基体可锻铸铁	KTZ450-06	12 或 15	450	270	6	150~200	载荷较高、耐磨损并有一定韧性要求的重要零件，如曲轴、凸轮轴、连杆、齿轮、活塞环、轴套、耙片、万向接头、棘轮、扳手、传动链条等
	KTZ550-04		550	340	4	180~230	
	KTZ650-02		650	430	2	210~260	
	KTZ700-02		700	530	2	240~290	

◇◇◇◇ 第五节 蠕墨铸铁

一、蠕墨铸铁的生产特点

蠕墨铸铁是通过对铁液的蠕化处理获得的，即浇注前向铁液中加入蠕化剂，促使石墨呈蠕虫状析出，这种处理方法称为蠕化处理。目前常用的蠕化剂有稀土镁钛合金、稀土硅铁合金、稀土钙硅铁合金等。

二、蠕墨铸铁的组织和性能

蠕墨铸铁的组织中石墨呈蠕虫状，形态介于片状与球状之间，如图7-6所示。石墨的形态决定了蠕墨铸铁的力学性能介于相同基体组织的灰铸铁和球墨铸铁之

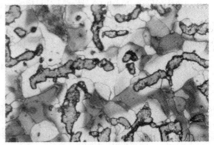

图7-6 蠕墨铸铁的显微组织

间。其铸造性能、减振性和导热性都优于球墨铸铁，与灰铸铁相近。

三、蠕墨铸铁的牌号及用途

蠕墨铸铁的牌号用"RuT"（"蠕"的汉语拼音和"铁"的汉语拼音字首）后附最低抗拉强度 R_m 值（MPa）表示。例如，牌号 RuT300 表示最低抗拉强度 R_m 为 300MPa 的蠕墨铸铁。

蠕墨铸铁主要用于承受热循环载荷、结构复杂、要求组织致密、强度高的铸件，如大马力柴油机的气缸盖、气缸套、进（排）气管、钢锭模、阀体等铸件。蠕墨铸铁的牌号、力学性能及用途见表7-4。

表7-4 蠕墨铸铁的牌号、力学性能及用途（摘自 JB/T 4403—1999）

牌号	力学性能				用途举例
	R_m/MPa	$R_{r0.2}$/MPa	A(%)	HBW	
	不大于				
RuT260	260	195	3	121~197	增压器废气进气壳体、汽车底盘零件等
RuT300	300	240	1.5	140~217	排气管、变速箱体、气缸盖、液压件、纺织机零件、钢锭模等
RuT340	340	270	1.0	170~249	重型机床件，大型齿轮箱体、盖、座，飞轮，起重机卷筒等
RuT380	380	300	0.75	193~274	活塞环、气缸套、制动盘、钢珠研磨盘、吸淤泵体等
RuT420	420	335	0.75	200~280	

◈◈◈ 第六节　合金铸铁

在铸铁中加入一定量的合金元素，使之具有某些特殊性能，提高其适应性和扩大其使用范围，这种铸铁称为合金铸铁。常用的合金铸铁有抗磨铸铁、耐热铸铁和耐蚀铸铁。

一、抗磨铸铁

抗磨铸铁分为减摩铸铁和抗磨白口铸铁两类。前者用于润滑条件下工作的零件，如机床导轨、气缸套及轴承等；后者用于无润滑、干摩擦的零件，如轧辊、犁铧、抛丸机叶片、球磨机衬板和磨球等。

1. 减摩铸铁

减摩铸铁应有较低的摩擦因数和能够很好地保持连续油膜的能力，最适宜的组织形式应是在软的基体上分布有坚硬的强化相，以便使软基体在磨损后形成的沟槽可储存润滑油，而坚硬的强化相可起支撑作用。细层状珠光体灰铸铁就能满足这一要求，其中铁素体为软基体，渗碳体为强化相，同时石墨也起着储油和润滑的作用。

在珠光体灰铸铁中，提高磷的含量，可形成高硬度的磷化物共晶并呈网状分布在珠光体基体上形成坚硬的骨架，可使铸铁的耐磨损能力比普通灰铸铁提高一倍以上，这就是高磷铸铁。在磷含量较高的铸铁中，再加入适量的 Cr、Mo、Cu 或微量的 V、Ti 和 B 等元素，则耐磨性能将更好。

2. 抗磨白口铸铁

抗磨白口铸铁的组织应具有均匀的高硬度。普通白口铸铁就是一种抗磨性高的铸铁，但其脆性大，不宜用于承受冲击的零件。在有冲击的场合可使用冷硬铸铁，其生产方法是：造型时，在铸件要求抗磨的部位做成金属型，其余部位用砂型，使其要求抗磨处得到白口组织，而其余部位韧性较好，可承受一定的冲击。含有少量的 Cr、Mo、W、Mn、Ni、B 等合金元素的低合金白口铸铁，具有一定的韧性，用于低冲击载荷条件下的抗磨零件，如抛丸机叶片、砂浆泵件、农产品加工设备中的易磨损件等。在中、低冲击载荷的高应力碾研磨损条件下，高铬白口铸铁代替高锰钢已显示出了优越的抗磨性能。中锰球墨铸铁具有很好的耐磨性，较高的强度和韧性，适用于犁铧、饲料粉碎机锤片、中小球磨机磨球、衬板、粉碎机锤头等。

铬锰钨系抗磨铸铁件（GB/T 24597—2009）规定了 6 个牌号，即 BTM-Cr18Mn3W2、BTMCr18Mn3W、BTMCr18Mn2W、BTMCr12Mn3W2、BTM-

Cr12Mn3W、BTMCr12Mn2W。这类铸铁可以采用各种适宜的铸造方法，可进行退火、淬火、回火等热处理。

抗磨白口铸铁（GB/T 8263—2010）规定了 10 个牌号，即 BTMNi4Cr2-DT、BTMNi4Cr2-GT、BTMCr9Ni5、BTMCr2、BTMCr8、BTMCr12-DT、BTMCr12-GT、BTMCr15、BTMCr20、BTMCr26。这类铸铁可以采用任何合适的铸造方法生产抗磨白口铸铁件，根据需要可以采用软化退火、硬化处理、回火处理。

二、耐热铸铁

在高温下铸铁会发生氧化和生长现象。氧化是指铸铁在高温下受氧化性气氛的侵蚀，在铸铁表面产生氧化皮；生长是指铸铁在高温下产生不可逆的体积长大的现象，其原因是氧气通过石墨片的边界及裂纹间隙渗入铸铁内部，生成密度较小的氧化物，加上高温下渗碳体分解形成比体积较大的石墨，使铸铁的体积不断胀大。

耐热铸铁是指在高温下具有一定的抗氧化和抗生长能力，并能承受一定载荷的铸铁。目前耐热铸铁中主要加入 Si、Al、Cr 等合金元素，它们在铸铁表面形成一层致密的稳定性好的氧化膜（SiO_2、Al_2O_3、Cr_2O_3），保护内部金属不被继续氧化。同时，这些元素能提高固态相变临界点，使铸铁在使用范围内不致发生相变，以减少由此而造成的体积胀大和显微裂纹等。

常用的耐热铸铁有中硅铸铁、高铬铸铁、镍铬硅铸铁、镍铬球墨铸铁等。耐热铸铁具有良好的耐热性，广泛用来代替耐热钢制造耐热零件，如加热炉炉底板、热交换器、坩埚等。

耐热铸铁的牌号由 HTR 或 QTR、合金元素符号和数字组成。国家标准 GB/T 9437—2009 中列出了十个牌号：HTRCr、HTRCr2、HTRCr16、HTRSi5、QTRSi4、QTRSi4Mo、QTRSi4Mo1、QTRSi5、QTRAl4Si4、QTRAl5Si5、QTRAl22。

三、耐蚀铸铁

耐蚀铸铁具有较高的耐蚀性能，一般含有 Si、Al、Cr、Ni、Cu 等合金元素。这些元素可在铸件表面形成牢固的、致密而又完整的保护膜，以阻止腐蚀继续进行，并可提高铸铁基体的电极电位，提高铸铁的耐蚀性。耐蚀铸铁的种类很多，其中应用最广泛的是高硅耐蚀铸铁。这种铸铁在含氧酸类和盐类介质中有良好的耐蚀性，但在碱性介质和盐酸、氢氟酸中，因表面 SiO_2 保护膜被破坏，耐蚀性有所下降。耐蚀铸铁广泛用于化工部门，用来制造管道、阀门、泵类、反应锅及盛储器等。

高硅耐蚀铸铁的牌号由 HTS、Si 和其他合金元素及数字、R（残留量）组成。国家标准 GB/T 8491—2009 中列出了 4 个牌号：HTSSi11Cu2CrR、HTS-

Si15R、HTSSi15Cr4MoR、HTSSi15Cr4R。

复习思考题

1. 什么叫铸铁？与钢相比，铸铁的化学成分和性能有何特点？

2. 什么叫铸铁的石墨化？影响铸铁石墨化的因素有哪些？

3. 灰铸铁的热处理工艺有哪些？各有何目的？生产中出现下列不正常现象，应采取什么有效措施予以防止或改善？

（1）灰铸铁磨床床身铸造以后立即进行切削，在切削加工后产生过量的变形。

（2）灰铸铁铸件薄壁处出现白口组织，造成切削加工困难。

4. 球墨铸铁是如何获得的？常用的球化剂有哪些？与钢相比，球墨铸铁在性能上有何特点？

5. 球墨铸铁常用的热处理方法有哪些？各有何目的？已知球墨铸铁的原始组织为铁素体＋珠光体＋自由渗碳体＋球状石墨，若要获得下述组织，各应采取什么热处理方法？

（1）铁素体＋球状石墨。

（2）珠光体＋球状石墨。

（3）下贝氏体＋球状石墨。

6. 可锻铸铁是如何获得的？与灰铸铁及球墨铸铁相比，可锻铸铁有何特点？

7. 什么叫抗磨铸铁？抗磨铸铁分为哪两大类？

8. 什么叫耐热铸铁？如何提高铸铁的耐热性？耐热铸铁有何用途？

9. 什么叫耐蚀铸铁？如何提高铸铁的耐蚀性？耐蚀铸铁有何用途？

10. 下列说法是否正确？为什么？

（1）可通过热处理来明显改善灰铸铁的力学性能。

（2）可锻铸铁因具有较好的塑性，故可进行锻造。

（3）白口铸铁硬度高，可用于制造刀具。

（4）因为片状石墨的影响，灰铸铁的各项力学性能指标均远低于钢。

11. 说明下列牌号铸铁的类型、数字的含义及用途。

HT250、QT600-3、KTH350-10、KTZ550-04、RuT260。

12. 试为下列零件选择合适的铸铁：机床床身、汽车发动机曲轴、弯头、钢锭模、机床导轨、球磨机磨球、加热炉底板、化工阀门壳体。

第 八 章

非铁金属（有色金属）

> **培训学习目标** 了解工业中常用的非铁金属（铝、铜、钛及其合金，以及轴承合金）的性能及用途。

非铁金属是指除钢铁材料以外的其他金属及其合金的总称，也称为有色金属。非铁金属具有特殊的物理、化学及力学性能，是工业生产中不可缺少的金属材料。

◇◇◇ 第一节　铝及铝合金

一、纯铝

纯铝是呈银白色的低熔点轻金属，密度为 $2.7g/cm^3$，熔点约为 $660℃$。纯铝具有面心立方晶格，无同素异晶转变。纯铝的导电、导热性好，仅次于金、银、铜。纯铝在空气中易与氧形成 Al_2O_3 致密氧化膜，能有效防止内层金属氧化，因此具有良好的耐蚀性。其力学性能表现为强度低（$R_m \approx 80 \sim 100MPa$）、塑性好（$A \approx 50\%$、$Z \approx 80\%$），因此适于形变加工。

纯铝的牌号，新的国家标准 GB/T 3190—2008 规定用 1××× 表示。纯铝的导电、导热性随其纯度的降低而变差，所以纯度是纯铝的重要指标。

二、铝合金的分类和热处理

纯铝的强度低，不宜制作承受重载荷的零件，在纯铝中加入硅、铜、镁、锌、锰等合金元素形成铝合金后，可有效地提高强度，若配合以形变强化和热处理，则可进一步提高其强度。铝合金具有高的比强度（强度与密度之比），在航空航天工业、汽车制造、民用工业品中得到广泛应用，如飞机机身、高档轿车的轮壳、建筑门窗等均可采用铝合金制造。

1. 铝合金的分类

铝合金一般都具有图 8-1 所示相图类型。按其化学成分和工艺性能，可将铝合金分为变形铝合金和铸造铝合金两大类。

凡合金元素含量在 D' 点以左的铝合金，加热时均能形成单相 α 固溶体。此类铝合金的塑性好，适合于压力加工，故称为变形铝合金。变形铝合金又可分为两类：合金元素含量在 F 点以左的铝合金，其固溶体的溶解度不能随温度变化，不能用热处理强化，故称为不可热处理强化的铝合金。合金元素含量在 $F-D'$ 之间的铝合金，

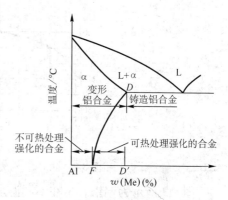

图 8-1　铝合金相图的一般类型

α 固溶体化学成分随温度变化而变化，这类铝合金可以通过热处理进行强化，称为可以热处理强化的铝合金。变形铝合金常经轧制、挤压、拉拔等变形加工成为型材供应市场。

合金元素含量在 D' 点以右的铝合金，由于组织中有共晶组织存在，塑性、韧性差，但是流动性好，适宜于铸造，称为铸造铝合金。铸造铝合金适合制造形状复杂的零件，如采用变质处理使组织中的共晶体细化，可以进一步提高强度和韧性。

2. 铝合金的热处理

铝合金的热处理方法主要是固溶热处理和时效。

固溶热处理是将铝合金加热至 α 单相区恒温保持，形成单相固溶体，然后快速冷却，使过饱和 α 固溶体来不及分解，室温下获得过饱和 α 固溶体的工艺。经固溶热处理后的铝合金，其强度、硬度并没有立即提高，组织也不稳定。

将固溶热处理后的铝合金在室温下放置一定时间或稍许（低温）加热，过饱和 α 固溶体中析出弥散分布的第二相化合物（如铝铜合金中析出 $CuAl_2$），起强化作用，使铝合金的强度、硬度明显提高，这种合金的性能随时间变化的现象称为时效。在室温进行的时效处理称为自然时效。在室温以上的温度进行的时效处理称为人工时效。固溶热处理和时效是铝合金强化的常用手段。

图 8-2 所示为铝铜合金自然时效曲线。自然时效过程是一个逐渐变化的过程。在时效初始阶段，铝合金的强度、硬度变化不大，而塑性较好，此阶段称为孕育期（一般为 2h），此时可进行各种冷变形加工（如铆接、弯曲、矫正等），随后其强度、硬度显著提高（5 ~ 15h 内强化最快），经 4 ~ 5 昼夜强度达到最大

值。例如，$w(Cu) = 4\%$ 的铝铜合金，在退火状态下 $R_m = 200MPa$，固溶处理后 $R_m = 250MPa$，经 $4 \sim 5$ 昼夜自然时效后 $R_m = 400MPa$。

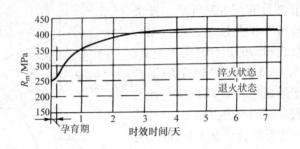

图 8-2　$w(Cu) = 4\%$ 的铝铜合金自然时效曲线

图 8-3 所示为铝铜合金在不同温度下的人工时效曲线。由图 8-3 可见：时效温度越高，时效过程就会越快，但时效温度过高，铝合金会出现软化现象，称为过时效处理。生产中应避免这种过时效现象，一般时效温度不超过 150℃。

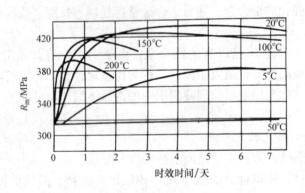

图 8-3　人工时效温度对强度的影响

三、变形铝合金

按 GB/T 16474—2011《变形铝及铝合金牌号表示方法》的规定，我国变形铝及铝合金牌号采用国际四位数字体系和四位字符体系表示。凡按照化学成分在国际牌号注册组织注册命名的铝及铝合金，直接采用四位数字体系（即采用四位阿拉伯数字表示）；未在国际牌号注册组织注册的，则按照四位字符体系表示（采用阿拉伯数字和第二位用英文大写字母表示）。以上两种牌号表示方法仅第二位不同，其表示方法如下：

1）第一位数字表示铝及其合金的组别，用 1，2，3，…，9 依次表示纯铝以及以铜、锰、硅、镁、镁和硅、锌、其他元素为主要合金元素的铝合金及备用组。变形铝合金组别及牌号见表8-1。

表8-1　变形铝合金组别及牌号

组　别	牌号系列
纯铝（铝含量不小于99.00%）	1×× ×
以铜为主要合金元素的铝合金	2×× ×
以锰为主要合金元素的铝合金	3×× ×
以硅为主要合金元素的铝合金	4×× ×
以镁为主要合金元素的铝合金	5×× ×
以镁和硅为主要合金元素并以 Mg_2Si 相为强化相的铝合金	6×× ×
以锌为主要合金元素的铝合金	7×× ×
以其他元素为主要合金元素的铝合金	8×× ×
备用合金组	9×× ×

2）第二位数字或字母表示原始纯铝或铝合金的改型情况。当数字为0或字母 A 时，表示原始纯铝和原始合金，如数字为 1~9 或 B~Y 表示改型情况，即该合金在原始合金的基础上允许有一定的偏差。

3）第三、第四位数字表示同一组中的不同铝合金，纯铝则表示铝的最低质量分数中小数点后面的两位数字。例如，牌号 1070 表示纯度（质量分数）为 99.70% 的变形工业纯铝，牌号 2A11 表示主要合金元素为铜的 11 号原始变形铝合金。

变形铝合金按其化学成分和性能特征分为防锈铝、硬铝、超硬铝和锻铝。[⊖]

1. 防锈铝

防锈铝主要有 Al-Mg 或 Al-Mn 系合金。这类铝合金不能进行热处理强化，只能通过冷变形强化，常用的牌号有 5A05、3A21 等。其性能特点是耐蚀性好，而且塑性和焊接性能良好，但强度不高。这类合金主要用于冲压方法制成的中、轻载荷焊接件和耐蚀件，如油箱、油管和生活器具等。

2. 硬铝

硬铝主要为 Al-Cu-Mg 系合金。这类合金可以通过固溶热处理和时效处理来获得高强度，抗拉强度 R_m 可达 450MPa，常用牌号有 2A01、2A12、2A02 等。其性能特点是强度、硬度高，但耐蚀性低于纯铝，特别是不耐海水腐蚀。这类铝合金主要用于制造密度要求小的中等强度结构件，在航空工业上应用较多，如飞机上的骨架零件、螺旋桨叶片等。

3. 超硬铝

超硬铝为 Al-Cu-Mg-Zn 系合金，它是在硬铝合金的基础上加入锌元素而制成

⊖　变形铝合金的新国家标准为 GB/T 3190—2008，新标准对变形铝合金的分类不再用防锈铝、硬铝、超硬铝和锻铝术语。

的。锌能溶于固溶体起固溶强化作用，还能与铜、镁等元素共同形成多种复杂的强化相，经固溶热处理、人工时效后强度高于硬铝合金，常用的牌号有7A04、7A03等。但超硬铝合金的耐蚀性较差，多用于制造飞机上受力较大，要求强度高的部件，如飞机的大梁、桁架、翼肋、起落架等。

硬铝和超硬铝的耐蚀性不如纯铝，常采用压延法在其表面包覆铝，以提高耐蚀性。

4. 锻铝

锻铝大多为 Al-Cu-Mg-Si 系合金。这类合金在加热状态下具有优良的可锻性，故称为锻铝。锻铝可以通过热处理进行强化，其力学性能与硬铝相近，主要用于制造要求密度小、中等强度、形状比较复杂的锻件，如离心式压气机的叶轮、飞机操纵系统中的摇臂等。

常用变形铝合金代号、牌号、成分、力学性能及用途见表8-2。

表8-2 常用变形铝合金代号、牌号、成分、力学性能及用途
（GB/T 3190—2008、GB/T 3880.1—2006、GB/T 3880.2—2012）

类别		牌号	曾用牌号	化学成分（质量分数,%）					处理状态[①]	力学性能[②]（≥）		用途举例
				Cu	Mg	Mn	Zn	其他		$R_m/$MPa	A（%）	
不能热处理强化的铝合金	防锈铝合金	5A05	LF5	0.1	4.8 ~ 5.5	0.3 ~ 0.6	0.2	Si 0.5 Fe 0.5	O	275	16	焊接油箱、油管、焊条、铆钉以及中等载荷零件和制品
		3A21	LF21	0.2	0.05	1.0 ~ 1.6	0.1	Si 0.6 Ti 0.15 Fe 0.7	O	100 ~ 150	19 ~ 23	焊接油箱、油管、焊条、铆钉以及轻载荷零件和制品
能热处理强化的铝合金	硬铝合金	2A11	LY11	3.8 ~ 4.8	0.4 ~ 0.8	0.4 ~ 0.8	0.3	Si 0.7 Fe 0.7 Ni 0.1 Ti 0.15	T3	375	15 ~ 17	中等强度结构零件，如骨架、模锻的固定接头、支柱、螺旋桨叶片、局部镦粗的零件、螺栓和铆钉
		2A12	LY12	3.8 ~ 4.9	1.2 ~ 1.8	0.3 ~ 0.9	0.3	Si 0.5 Ni 0.1 Ti 0.15 Fe 0.5	T3	405 ~ 420	15	高强度结构零件，如骨架、蒙皮、隔框、肋、梁、铆钉等150℃以下工作的零件

（续）

类别		牌号	曾用牌号	化学成分（质量分数,%）					处理状态①	力学性能②（≥）		用途举例
				Cu	Mg	Mn	Zn	其他		R_m/MPa	A(%)	
能热处理强化的铝合金	超硬铝合金	7A04	LC4	1.4~2.0	1.8~2.8	0.2~0.6	5.0~7.0	Si 0.5 Fe 0.5 Cr 0.1~0.25	T6	480~490	17	结构中主要受力件，如飞机大梁、桁架、加强框、蒙皮、接头及起落架
	锻铝合金	2A50	LD5	1.8~2.6	0.4~0.8	0.4~0.8	0.3	Si 0.7~1.2	T6	420	13	形状复杂、中等强度的锻件及模锻件
		2A70	LD7	1.9~2.5	1.4~1.8	0.2	0.3	Ti 0.02~0.1 Ni 0.9~1.5 Fe 0.9~1.5	T6	415	13	内燃机活塞、高温下工作的复杂锻件、板材，可用于高温下工作的结构件

① O 为退火状态，T3 为固溶处理＋冷加工＋自然时效状态，T6 为固溶处理＋人工时效状态。

② 防锈铝合金为退火状态指标；硬铝合金为淬火＋冷加工＋自然时效状态指标；超硬铝合金为淬火＋人工时效状态指标；锻铝合金为淬火＋人工时效状态指标。

四、铸造铝合金

1. 铸造铝合金

铸造铝合金的铸造性能良好，能用于各种形状复杂的铸件。铸造铝合金主要有 Al-Si 系、Al-Cu 系、Al-Mg 系、Al-Zn 系四个系列。

铸造铝合金的代号用"ZL"（铸铝的拼音字首）加三位数字表示，在三位数字中，第一位数字表示合金类别（1 表示 Al-Si 系，2 表示 Al-Cu 系，3 表示 Al-Mg 系，4 表示 Al-Zn 系），第二、第三位表示顺序号，如 ZL102、ZL301 等。优质铸造铝合金代号后面加 A。

压铸铝合金的牌号用"YZ"＋基本元素（铝元素）符号＋主要添加合金元素符号＋主要添加合金元素的百分含量表示。例如，YZAlSi12 表示 $w(Si)$ = 12%，余量为铝的压铸铝合金，其代号为 YL102。

2. 铸造铝硅合金

Al-Si 系合金是最常用的铸造铝合金，俗称硅铝明。Al-Si 二元合金相图如图

8-4所示。这类铝合金的特点是铸造性能优良（流动性好、收缩率小、热裂倾向小），具有一定的强度和良好的耐蚀性。

Al-Si 系合金的典型牌号是 ZAlSi12（代号为 ZL102），硅的质量分数为 10% ~ 13% ［平均 $w(Si) = 11.7\%$］，属于共晶合金，具有 $(\alpha + Si)_{共晶}$ 组织，但因共晶组织中的脆性硅呈粗大针状（见图 8-5a），因此强度和塑性都比较差。为了提高其力学性能，通常采用变质处理，即浇注前在液态合金中加入合金液质量2% ~3%的变质剂（2/3 NaF + 1/3NaCl）进行变质处理。变质剂中的钠能促进硅形核，并阻碍其晶体长大，使硅晶体能以极细粒状形态

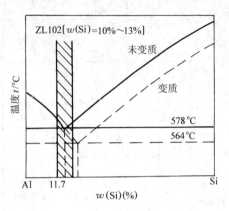

图 8-4　Al-Si 二元合金相图

均匀分布在 α 固溶体基体上。钠还能使相图中共晶点向右下方移动，使其变质后形成亚共晶组织，即 $\alpha_{初晶} + (\alpha + Si)_{共晶}$，如图 8-5b 所示。变质处理后，其力学性能显著提高，抗拉强度和断后伸长率由原来的 $R_m = 140MPa$、$A = 3\%$ 提高到 $R_m = 180MPa$、$A = 8\%$。

此外，还可以在 Al-Si 铸造铝合金中加入铜、镁等合金元素，以形成强化相 Mg_2Si、$CuAl_2$ 及 $CuMgAl_2$ 等，这样的合金在变质处理后还可进行固溶热处理和时效，以提高强度。部分铸造铝合金的牌号、代号、主要特点及用途见表 8-3。

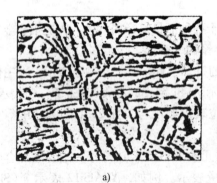
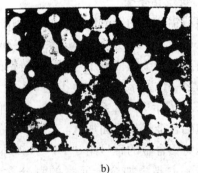

a)　　　　　　　　　　　　b)

图 8-5　ZL102 的铸态组织

a）变质前　b）变质后

表8-3　部分铸造铝合金的牌号、代号、主要特点及用途

（摘自 GB/T 1173—2013、GB/T 15115—2009）

类别	牌　　号	代　号	主要特点	用途举例
铝硅合金	ZAlSi12	ZL102	熔点低，密度小，流动性好，收缩和热倾向小，耐蚀性、焊接性好，可加工性差，不能进行热处理强化，有足够的强度，但耐热性低	用于铸造形状复杂，耐蚀性和气密性高，强度不高的薄壁零件，如飞机仪器零件、船舶零件等
铝硅合金	YZAlSi12	YL102		
铝硅合金	ZAlSi5Cu1Mg	ZL105	铸造工艺性能好，不需变质处理，可进行热处理强化，焊接性、切削性好，强度高，塑韧性低	用于形状复杂，工作温度低于或等于250℃的零件，如气缸体、气缸盖、发动机箱体等
铝硅合金	ZAlSi12Cu2Mg1	ZL108	铸造工艺性能优良，线收缩小，可铸造尺寸精确的铸件，强度高，耐磨性高，需要进行变质处理	用于汽车、拖拉机的活塞，工作温度低于或等于250℃的零件
铝铜合金	ZAlCu5Mn	ZL201	铸造性能差，耐蚀性能差，可进行热处理强化，室温强度高，韧性好，焊接性能、切削性能好，耐热性好	用于承受中等载荷，工作温度低于或等于300℃的飞机受力铸件、内燃机气缸头
铝铜合金	ZAlRE5Cu3Si2	ZL207	铸造性能好，耐热性高，可在300~400℃下长期工作，室温力学性能较低，焊接性能好	用于铸造形状复杂，在300~400℃下长期工作的液压零部件
铝镁合金	ZAlMg10	ZL301	铸造性能差，耐热性不高，焊接性差，切削性能好，能耐大气和海水腐蚀	用于承受高静载荷、冲击载荷，工作温度低于或等于200℃，长期在大气和海水中工作的零件，如船舰配件等
铝镁合金	ZAlMg5Si1	ZL303	铸造性能比ZL301好，热处理后不能明显强化，但切削性能好，焊接性好，耐蚀性一般，室温力学性能较低	用于承受中等载荷，工作温度低于或等于200℃的耐蚀零件，如轮船、内燃机配件
铝锌合金	ZAlZn11Si7	ZL401	铸造性能优良，需进行变质处理，不经热处理可以达到高的强度，焊接性和切削性能优良，耐蚀性低	用于承受高静载荷、形状复杂、工作温度低于或等于200℃的铸件，如汽车、仪表零件
铝锌合金	ZAlZn6Mg	ZL402	铸造性能优良，耐蚀性能好，可加工性能好，有较高的力学性能，但耐热性能低，焊接性一般，铸造后能自然时效	用于承受高的静载荷或冲击载荷，不能进行热处理的铸件，如活塞、精密仪表零件等

◆◆◆ 第二节　铜及铜合金

一、纯铜

纯铜具有面心立方晶格，无同素异晶转变，密度为 $8.96g/cm^3$，熔点为 1 083℃，导电性、导热性优良，耐大气腐蚀性能良好，塑性好（$A = 45\% \sim 50\%$），容易进行冷、热塑性加工，强度和硬度较低（$R_m = 230 \sim 250MPa$，30 ~ 40HBW），通过冷变形可使之强化。例如，经50%变形后，强度提高到 $R_m = 400 \sim 430MPa$，硬度提高到 100 ~ 200HBW，但经冷变形后塑性会下降至 $A = 1\% \sim 2\%$，若需恢复塑性，则可进行退火处理。

根据 GB/T 5231—2012，纯铜有 T1、T2、T3 三个代号。代号中的"T"为铜的汉语拼音字首，其后的数字表示序号，序号越大，纯度越低。T1、T2、T3 中铜和银总的质量分数分别为 $w(Cu + Ag) = 99.95\%$、$w(Cu + Ag) = 99.90\%$、$w(Cu + Ag) = 99.70\%$，其余为杂质。

纯铜主要用于制造电线、电缆、电子元件和配制合金。纯铜和铜合金的低温力学性能很好，所以是制造冷冻设备的主要材料。

二、铜合金的分类

铜合金是以铜为基体，加入合金元素形成的合金。铜合金与纯铜比较，不仅强度高，而且具有优良的物理性能和化学性能，故工业中广泛应用的是铜合金。

根据化学成分，铜合金分为黄铜、白铜、青铜三类。

1）黄铜是指以铜为基体，以锌为主加元素的铜合金。

2）白铜是指以铜为基体，以镍为主加元素的铜合金。

3）青铜是指除黄铜和白铜以外的铜合金，主要有锡青铜、铝青铜、铍青铜等。

根据加工方法，铜合金又分为加工铜合金和铸造铜合金。

三、黄铜

黄铜可分为普通黄铜和特殊黄铜。

1. 普通黄铜

普通黄铜是铜锌二元合金，具有优良的耐蚀性能，其力学性能与锌含量有关，如图8-6所示。

$w(Zn) < 39\%$ 时，锌全部溶入铜中形成单相 α 固溶体组织，为单相黄铜，且

随着锌含量的增加，强度、塑性均增加，适宜进行冷热变形加工。

$w(Zn) = 39\% \sim 45\%$ 时，组织为 $\alpha + \beta'$ 的两相组织，为双相黄铜。β' 相是以 CuZn 为基的固溶体，在室温下较脆，所以随着锌含量的增加，强度增加，塑性却下降，不适宜进行冷变形加工。但是 β' 相加热到 456℃ 以上时，具有良好的塑性，故可以进行热变形加工。

$w(Zn) > 45\%$ 时，因组织中全部为 β' 相，强度、塑性很差，已无实用价值。

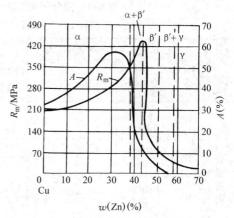

图 8-6 黄铜的组织和力学性能与锌含量的关系

普通加工黄铜的牌号用 "H + 数字表示"。H 为 "黄" 字汉语拼音字母字首，数字表示铜的质量分数。例如，H68 表示平均 $w(Cu) = 68\%$，其余为锌的普通黄铜。

常用单相黄铜的牌号有 H70、H68 等，由于塑性好，适于制造形状复杂、耐腐蚀的冲压件，如弹壳、散热器外壳、导管、雷管等。

常用的双相黄铜的牌号有 H62、H59 等，热加工性能好，适合进行热变形加工，有较高的强度，可制造一般的机器零件，如铆钉、垫圈、螺钉、螺母等。

H80 等铜含量高的黄铜，色泽金黄，并且具有良好的耐蚀性，可制作装饰品、电镀件、散热器管等。

2. 特殊黄铜

在普通黄铜的基础上再加入其他合金元素，可以改善黄铜的性能，这类黄铜称为特殊黄铜。例如，加入铝、硅、锡，可提高黄铜的耐蚀性；加入铅，可改善黄铜的切削加工性，提高其耐磨性；加入铁、锰，可提高黄铜的再结晶温度和细化晶粒。

特殊黄铜牌号用 H + 主加合金元素符号 + 铜的平均质量分数 + 合金元素平均质量分数表示。例如，HPb59-1 表示平均 $w(Cu) = 59\%$、$w(Pb) = 1\%$，其余为锌的铅黄铜。

铸造黄铜牌号用 "Z + 铜和合金元素符号、合金元素平均质量百分数" 表示。例如，ZCuZn38 表示平均 $w(Zn) = 38\%$，其余为铜的铸造普通黄铜；ZCuZn16Si4 表示平均 $w(Zn) = 16\%$、$w(Si) = 4\%$，其余为铜的铸造硅黄铜。部分黄铜的牌号、化学成分、力学性能及用途见表 8-4。

表8-4　部分黄铜的牌号、成分、力学性能及用途

（摘自 GB/T 5231—2012 和 GB/T 1176—2013）

类别	牌号	主要成分（质量分数,%）			加工状态或铸造方法	力学性能			用途举例
		Cu	其他	Zn		R_m/MPa	A（%）	HBW	
						≥			
普通黄铜	H70	68.5 ~ 71.5	—	余量	软	320	53		弹壳、热交换器、造纸用管、机器和电器用零件
					硬	660	3	150	
	H68	67.0 ~ 70.0	—	余量	软	320	55		复杂的冷冲件和深冲件、散热器外壳、导管及波纹管
					硬	660	3	150	
	H62	60.5 ~ 63.5	—	余量	软	330	49	56	销钉、铆钉、螺母、垫圈、导管、夹线板、环形件、散热器等
					硬	600	3	164	
	H59	57.0 ~ 60.0	—	余量	软	390	44		机械、电器用零件、焊接件及热冲压件
					硬	500	10	163	
特殊黄铜	HSn62-1	61.0 ~ 63.0	Sn0.7 ~ 1.1	余量	硬	700	4	HRB 95	汽车、拖拉机弹性套管、船舶零件
	HPb59-1	57 ~ 60	Pb0.8 ~ 1.9	余量	硬	650	16	HRB 140	销子、螺钉等冲压或加工件
	HAl59-3-2	57 ~ 60	Al2.5 ~ 3.5 Ni2.0 ~ 3.0	余量	硬	650	15	155	强度要求高的耐蚀零件
	HMn58-2	57 ~ 60	Mn1.0 ~ 2.0	余量	硬	700	10	175	船舶零件及轴承等耐磨零件
铸造黄铜	ZCuZn16Si4	79 ~ 81	Si2.5 ~ 4.5	余量	S	345	15	88.5	接触海水工作的配件以及水泵、叶轮，在空气、淡水、油、燃料中工作，压力在4.5MPa 和250℃以下蒸汽中工作的零件
					J	390	20	98.0	
	ZCuZn40Pb2	58 ~ 63	Pb0.5 ~ 2.5 Al0.2 ~ 0.8	余量	S	220	15	78.5	一般用途的耐磨、耐蚀零件，如轴套、齿轮等
					J	280	20	88.5	
	ZCuZn40Mn3Fe1	53 ~ 58	Mn3.0 ~ 4.0 Fe0.5 ~ 1.5	余量	S	440	18	98.0	耐海水腐蚀的零件，以及在300℃以下工作的管配件，制造船舶螺旋桨等大型铸件
					J	490	15	108.0	
	ZCuZn40Mn2	57 ~ 60	Mn1.0 ~ 2.0	余量	S	345	20	78.5	在空气、淡水、海水、蒸汽（温度小于300℃）和各种液体、燃料中工作的零件、阀体、阀杆、泵、管接头以及需要浇注巴氏合金和镀锡的零件等
					J	390	25	88.5	
	ZCuZn38	60 ~ 63	—	余量	S	295	30	590	一般结构件和耐蚀零件，如法兰、阀座、支架、手柄和螺母等
					J	295	30	685	

注：软表示经600℃退火，硬表示变形度为50%，S表示砂型铸造，J表示金属型铸造。

四、青铜

青铜种类很多，锡青铜是最常见的青铜，此外还有铝青铜、铍青铜、铅青铜等。按工艺特点，青铜又分为加工青铜和铸造青铜两大类。

加工青铜的牌号用"青"字汉语拼音字母字首 Q + 主加元素符号及其平均质量分数 + 其他元素平均质量分数表示。例如，QSn4-3 表示平均 $w(Sn)=4\%$，平均 $w(Zn)=3\%$，其余为铜的锡青铜。

铸造青铜的牌号用 Z + 铜和合金元素符号及合金元素平均质量分数表示。例如，ZCuSn10P1 表示平均 $w(Sn)=10\%$，平均 $w(P)=1\%$，其余为铜的铸造锡青铜。常用青铜的牌号、化学成分、力学性能及用途见表8-5。

表8-5　常用青铜的牌号、化学成分、力学性能及用途
（摘自 GB/T 5231—2012、GB/T 1176—2013、GB/T 2040—2008）

| 类型 | 牌号 | 主要成分（质量分数,%） | | | 状态 | 力学性能 不小于 | | 用途举例 |
		Sn	Cu	其他		R_m /MPa	A （%）	
锡青铜	压力加工							
	QSn4-3	3.5~4.5	余量	Zn2.7~3.3	软	290	40	弹簧、管配件和化工机械中的耐磨及抗磁零件
					硬	635	2	
	QSn6.5-0.4	6.0~7.0	余量	P0.26~0.40	软	295	40	耐磨及弹性零件
					硬	665	2	
	QSn6.5-0.1	6.0~7.0	余量	P0.1~0.25	软	290	40	弹簧、接触片、振动片、精密仪器中的耐磨零件
					硬	640	1	
	铸造							
	ZCuSn10Zn2	9.0~11.0	余量	Zn1.0~3.0	砂型	240	12	在中等及较高载荷下工作的重要管配件，如阀、泵体
					J[①]	245	6	
	ZCuSn10P1	9.0~11.5	余量	P0.5~1.0	J	310	2	重要的轴瓦、齿轮、轴套、轴承、蜗轮、机床丝杠螺母
特殊青铜	压力加工							
	QAl7	Al6.0~8.5	余量	Zn0.20 Fe0.50	硬	635	5	重要的弹簧和弹性零件
	QBe2	Be1.8~2.1	余量	Ni0.2~0.5	—	—	—	重要仪表的弹簧、齿轮等及耐磨零件，高速、高压、高温条件下工作的轴承
	铸造							
	ZCuAl10-Fe3Mn2	Al9.0~11.0	余量	Fe2.0~4.0 Mn1.0~2.0	J	540	15	耐磨耐蚀重要铸件
	ZCuPb30	Pb27.0~33.0	余量	—	J	—	—	高速双金属轴瓦、减摩件，如柴油机曲轴及连杆轴承、齿轮、轴套

① J 表示金属型铸造。

1. 锡青铜

以锡为主要添加元素的铜合金称为锡青铜。锡含量对青铜的组织和力学性能的影响较大，如图8-7所示。

$w(\mathrm{Sn}) < 7\%$ 时，其组织是锡溶于铜中的单相 α 固溶体，随着锡含量的增加，强度和塑性均增加，适宜于冷热变形加工。

$w(\mathrm{Sn}) > 7\%$ 时，组织为 α + δ 两相，由于 δ 相是以化合物 $Cu_{31}Sn_8$ 为基的固溶体，硬而脆，因此强度继续增加，但塑性下降，只适宜于铸造。

$w(\mathrm{Sn}) > 20\%$ 时，组织中 δ 相偏多，锡青铜的塑性和强度显著降低，已无使用价值。工业上使用的锡青铜锡含量一般为 $w(\mathrm{Sn}) = 3\% \sim 14\%$。

锡青铜的耐磨性好，耐大气、海水腐蚀的能力比黄铜强。虽然铸造锡

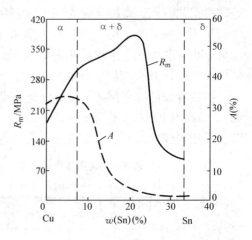

图 8-7 锡青铜的组织和力学性能与锡含量的关系

青铜的流动性差，容易产生偏析，铸件的致密度也不够高，但它是非铁金属中收缩率最小的合金，而且无磁性和冷脆现象。

加工锡青铜在造船、化工、机械、仪表等工业中广泛应用，适合于制造轴承，耐蚀、抗磁零件，弹簧等。

铸造锡青铜适合于铸造形状复杂，致密性要求不高，要求耐磨、耐蚀的零件，如泵体、轴瓦、齿轮、蜗轮等。

2. 铝青铜

以铝为主要添加元素的铜合金称为铝青铜。常用的铝青铜 $w(\mathrm{Al}) = 5\% \sim 11\%$。铝青铜比黄铜和锡青铜有更好的耐蚀性，较高的强度、硬度，但收缩率比锡青铜大。当 $w(\mathrm{Al}) = 5\% \sim 7\%$ 时，铝青铜有良好的塑性，适宜于冷变形加工；当 $w(\mathrm{Al}) = 10\%$ 时，铝青铜强度高，适宜于铸造。铝青铜常用来制造在海水和较高温度下工作的高强度耐磨零件，如轴承、齿轮、蜗轮等，也可制造仪器中要求耐蚀的零件和弹性零件。

3. 铍青铜

以铍为主要添加元素的铜合金称为铍青铜。常用的铍青铜中 $w(\mathrm{Be}) = 1.7\% \sim 2.5\%$。铍在铜中的最大溶解度为 2.7%（质量分数），到室温时降至 0.2%（质量分数），所以，铍青铜经固溶处理和时效后有较高的强度、硬度。同时，铍青铜还具有良好的耐蚀性、耐疲劳性、导电性、导热性，且无磁性，受

冲击不产生火花等，是一种综合性能较好的结构材料，主要用于制造各种精密仪器、仪表中的弹性零件，以及耐蚀、耐磨零件，如钟表齿轮、航海罗盘、电焊机电极、防爆工具等。铍青铜价格贵，工艺复杂，使其应用受到限制。

◇◇◇ 第三节　钛及钛合金

钛在地壳中的储量极为丰富，仅次于铝、铁、镁，居第四位。钛及钛合金的主要特点是密度小而强度高，比强度比目前任何其他金属材料都高，并且高温和低温性能都很好，耐蚀性与铬镍不锈钢相当。钛合金目前广泛应用于航空、宇航、化工、造船等工业部门，并逐渐应用于日常工业制品上，是重要的新型结构材料。

一、纯钛

钛是银白色的高熔点轻金属，密度为 $4.51g/cm^3$，熔点为 $1700℃$。钛有两种同素异晶体：温度低于 $882℃$ 时为 $\alpha-Ti$，具有密排六方晶格；温度高于 $882℃$ 时为 $\beta-Ti$，具有体心立方晶格。

纯钛的强度很高，退火状态下 $R_m = 300 \sim 500MPa$，与碳素结构钢相似，热处理后抗拉强度可达到 $R_m = 1000 \sim 1400MPa$，与高强度结构钢相似，且高温下仍具有较高的强度。另外，它的塑性极好，因此适宜进行压力加工。

工业纯钛的牌号有 TA1、TA1ELI、TA1-1、TA2ELI、TA2、TA3、TA3ELI、TA4、TA4ELI 九种。部分工业纯钛的牌号、力学性能及用途见表8-6。

表 8-6　纯钛的牌号、力学性能及用途

（摘自 GB/T 3620.1—2007、GB/T 2965—2007）

牌号	杂质总量（质量分数，%）	力学性能				用途举例
		R_m /MPa	$R_{p0.2}$ /MPa	A (%)	Z (%)	
TA1	≤1.005	343	275	25	50	机械：350℃以下工作的受力零件及冲压件，压缩机气阀，造纸混合器等 造船：耐海水腐蚀的管道、阀门泵水翼、柴油机活塞、连杆、叶簧等 宇航：飞机骨架、蒙皮、发动机部件等
TA2	≤1.175	441	373	20	40	
TA3	≤1.295	539	461	15	35	
TA4	≤1.545	580	485	15	25	

二、钛合金

钛合金是以钛为基体，加入铝、锡、铬、钼、锰等合金元素组成的合金。按使用状态下的组织，钛合金可分为 α 型、β 型、α + β 型三种。钛合金牌号用 T + 合金类别代号 + 顺序号表示。其中，T 是钛的拼音字首，合金类别代号 A、B、C 分别表示 α 型、β 型、α + β 型钛合金。例如，TA6 表示 6 号 α 型钛合金，TC4 表示 4 号 α + β 型钛合金。

1. α 型钛合金

其主要成分为钛中加入铝和锡，退火状态下的组织是单相 α 固溶体。这类合金不能进行热处理强化。α 型钛合金室温强度比其他两类钛合金低，但在 500 ~ 600℃ 使用时能保持高的高温强度，焊接性能和压力加工性能好，并且组织稳定。

2. β 型钛合金

其主要成分为钛中加入铬、钼、钒等合金元素。这类合金经淬火后得到 β 固溶体的组织，具有较高的抗拉强度和冲击吸收能量，压力加工性能和焊接性能良好。其缺点是组织和性能不太稳定，熔炼工艺较复杂，故应用较少。

3. α + β 型钛合金

α + β 型钛合金可通过热处理淬火 + 时效处理强化，力学性能范围宽，可适应各种不同的用途。其中，钛-铝-钒合金（TC4）应用最广，它具有较高的强度和韧性，100 ~ 400℃ 使用具有较好的耐热性，锻造性能、冲压性能和焊接性能均较好。常用的钛合金牌号、化学成分、力学性能及用途见表 8-7。

表 8-7　常用的钛合金牌号、化学成分、力学性能及用途
（摘自 GB/T 3620.1—2007、GB/T 2965—2007）

牌号	主要化学成分（质量分数,%）		力 学 性 能				特 点 及 应 用
	Al	其他元素	R_m /MPa	$R_{p0.2}$ /MPa	A (%)	Z (%)	
TA5	3.3 ~ 4.7	B 0.005	685	585	15	40	用途与工业纯钛相仿
TA7	4.0 ~ 6.0	Sn 2.0 ~ 3.0	785	680	10	25	飞机蒙皮、骨架、零件、压气机壳体、叶片，400℃ 以下工作的焊接零件等
TB2	2.5 ~ 3.5	Cr 7.5 ~ 8.5 Mo 4.7 ~ 5.7 V 4.7 ~ 5.7	≤981 （淬火） 1370 （时效）	820 （淬火） 1100 （时效）	18 （淬火） 7 （时效）	40 （淬火） 10 （时效）	焊接性能和压力加工性能好

（续）

牌号	主要化学成分（质量分数,%）		力 学 性 能				特点及应用
	Al	其他元素	R_m /MPa	$R_{p0.2}$ /MPa	A (%)	Z (%)	
TC1	1.0 ~ 2.5	Mn 0.7 ~ 2.0	585	460	15	30	400℃ 以下工作的板材冲压件和焊接零件
TC4	5.5 ~ 6.8	V 3.5 ~ 4.5	895	825	10	25	400℃ 以下长期工作的零件，结构用的锻件，各种容器，泵，低温部件，舰艇耐压壳体，坦克履带
TC10	5.5 ~ 6.5	Sn 1.5 ~ 2.5 V 5.5 ~ 6.5 Fe 0.35 ~ 1.0 Cu 0.35 ~ 1.0	1030	900	12	25	450℃ 以下工作的零件，如飞机结构零件、起落架，导弹发动机外壳、武器结构件等

◈◈◈◈ 第四节　滑动轴承合金

滑动轴承合金是制造轴瓦、轴承内衬的材料。与滚动轴承相比，滑动轴承具有承压面积大、工作平稳、无噪声及维修方便等优点，应用广泛。

一、滑动轴承的性能和组织

滑动轴承中轴瓦与内衬直接与轴颈配合使用，相互间有摩擦，而且还要承受交变载荷和冲击载荷的作用。由于轴是机器上的重要零件，其制造工艺复杂，成本高，更换困难，为确保轴受到最小的磨损，轴瓦的硬度应比轴颈低得多，必要时可更换被磨损的轴瓦而继续使用轴。

1. 滑动轴承的性能

滑动轴承合金应具有足够的抗压强度和抗疲劳性能，良好的减摩性（摩擦因数要小），良好的储备润滑油的功能，良好的磨合性（指在不长的工作时间后，轴与轴瓦能自动吻合，使载荷均匀地作用在工作面上，避免局部磨损），良好的导热性（能将摩擦产生的热量散发）和耐蚀性，良好的工艺性能，使之制造容易，价格便宜。

一种材料无法同时满足上述性能要求，可将滑动轴承合金用铸造的方法镶铸在 08 钢制的轴瓦上，制成双金属轴承。

2. 滑动轴承的组织

轴承合金应具备软硬兼备的以下两种理想组织：①软基体和均匀分布的硬质点；②硬基体上分布着软质点。轴承在工作时，软的组织首先被磨损下凹，可储存润滑油，形成连续分布的油膜，硬的组成部分则起着支承轴颈的作用。这样，轴承与轴颈的实际接触面积大大减小，使轴承的摩擦力减小。图8-8为滑动轴承合金的理想组织示意图。

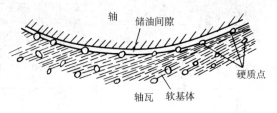

图8-8 滑动轴承合金的理想组织示意图

二、常用滑动轴承合金

1. 锡基与铅基轴承合金

锡基与铅基轴承合金又称为巴氏合金。其牌号表示方法与其他铸造非铁金属的牌号表示方法相同。例如，ZSnSb4Cu4表示锑的平均质量分数为4%，铜的平均质量分数为4%的锡基轴承合金。常用的锡基和铅基轴承合金的牌号、力学性能、特点和用途见表8-8。巴氏合金的价格较贵，且力学性能较低，通常是采用铸造的方法将其镶铸在08钢的轴瓦上形成的双金属轴承使用。

（1）锡基轴承合金 锡基轴承合金是以锡为基体，加入锑、铜等元素组成的合金。其优点是具有良好的塑性、导热性和耐蚀性，而且摩擦因数和膨胀系数小，适于制作重要轴承，如汽轮机、发动机和压气机等大型机器的高速轴瓦。其缺点是疲劳强度低，工作温度较低（不高于150℃），但价格较贵。

（2）铅基轴承合金 铅基轴承合金是以铅为基体，加入锑、锡、铜等合金元素组成的合金。铅基轴承合金的强度、硬度、导热性和耐蚀性均比锡基轴承合金低，而且摩擦因数较大，但价格便宜，适于制作中、低载荷的轴瓦，如汽车、拖拉机曲轴轴瓦、铁路车辆轴瓦等。

表8-8 常用的锡基和铅基轴承合金的牌号、力学性能、特点和用途
（摘自 GB/T 1174—1992）

牌 号	熔化温度/℃	力学性能（不小于）HBW	特 点	用途举例
ZSnSb12Pb10Cu4	185	29	性软而韧，耐压，硬度较高，热强性较低，铸造性能差	一般中速、中压发动机的主轴承，不适用于高温

（续）

牌　号	熔化温度/℃	力学性能（不小于）HBW	特　点	用　途　举　例
ZSnSb11Cu6	241	27	应用较广，不含 Pb，硬度适中，减摩性和抗磨性较好，膨胀系数比其他巴氏合金都小，优良的导热性和耐蚀性，疲劳强度低，不宜浇注很薄且振动载荷大的轴承	重载、高速、低于 110℃ 的重要轴承，如 750kW 以上的电机，890kW 以上的快速行程柴油机，高速机床主轴的轴承和轴瓦
ZSnSb4Cu4	225	20	韧性为巴氏合金中最高，与 ZSnSb11Cu6 相比强度、硬度较低	韧性高、浇注层较薄的重载荷高速轴承，如涡轮内燃机高速轴承
ZPbSb16Sn16Cu2	240	30	与 ZSnSb11Cu6 相比，摩擦因数较大，耐磨性和使用寿命不低，但冲击韧性低，不能承受冲击载荷，价格便宜	工作温度低于 120℃，无显著冲击载荷，重载高速轴承及轴衬
ZPbSb15Sn10	240	24	冲击韧度比 ZPbSb16Sn16Cu2 高，摩擦因数大，但磨合性好，经退火处理，其塑性、韧性、强度和减摩性均大大提高，硬度有所下降	承受中等冲击载荷，中速机械的轴承，如汽车、拖拉机的曲轴和连杆轴承

2. 铜基轴承合金

铜基轴承合金通常有锡青铜与铅青铜。

铜基轴承合金具有高的疲劳强度和承载能力，优良的耐磨性，良好的导热性，摩擦因数低，能在 250℃ 以下正常工作，适于制作高速、重载下工作的轴承，如高速柴油机、航空发动机轴承等。常用的牌号是 ZCuSn10P1、ZCuPb30。

3. 铝基轴承合金

铝基轴承合金是以铝为基体，加入锡等元素组成的合金。这种合金的优点是导热性、耐蚀性、疲劳强度和高温强度均高，而且价格便宜。其缺点是膨胀系数较大，抗咬合性差。目前以高锡铝基轴承合金应用最为广泛，适于制作高速（13m/s）、重载（3 200MPa）的发动机轴承。常用的牌号为 ZAlSn6Cu1Ni1。

复习思考题

1. 铝合金采用何种热处理强化方法？变形铝合金中哪些品种可以进行热处理强化？

2. 什么是铸造铝合金的变质处理？试述铸造铝合金变质处理后力学性能提高的原因。

3. 试述轴承合金应具有哪些性能？应具备什么样的组织来保证这些性能？

4. 下列零件应选用何种金属材料制造较为合适：

焊接油箱、气缸体、活塞、飞机蒙皮、仪表弹簧、罗盘、重型汽车轴瓦

5. 说明下列牌号的意义：

H62、H68、HSn62-1、ZCuZn38、ZCuZn16Si4、QSn4-3、ZCuSn10P1、QBe2

第 九 章

其他常用工程材料

培训学习目标 了解非金属材料、复合材料的种类、性能及应用；了解其他新材料在工业中的应用及材料技术的发展动态。

金属材料是制造业中广泛应用的传统材料，但随着社会的发展，对产品轻量化、特殊化、多样化的要求越来越高，非金属材料、复合材料及其他新材料在制造业中的地位日益提高，其产量和用量不断增加。反之，材料生产及技术的不断提高以及新材料的出现，又促进了制造业水平的不断进步。本章主要介绍非金属材料、复合材料、新材料的知识及发展情况。

◆◆◆ 第一节　非金属材料

一、高分子材料

高分子材料是由相对分子质量比一般有机化合物高得多的高分子化合物为主要成分制成的物质。一般有机化合物的相对分子质量只有几十到几百，而高分子化合物是通过小分子单体聚合而成的，相对分子质量高达上万甚至上百万的聚合物。世界高分子材料的产量（按体积估算）已经与钢产量相当，并正以前所未有的速度发展，其制品已成为当今工农业生产各部门、科学研究各领域、人类衣食住行各个环节不可缺少或无法替代的材料。

高分子材料按来源，可分为天然高分子材料和合成高分子材料两大类。天然高分子材料包括来自植物的纤维、淀粉、木材、天然橡胶，以及来自动物的皮、毛、角等；合成高分子材料主要有塑料、合成橡胶、纤维、黏结剂、涂料等。工业上应用的主要是合成高分子材料。

合成高分子化合物都是由一种或几种单体（简单结构的低分子化合物）以重复的方式连接而成的，有时也将高分子化合物称为高聚物、聚合物或树脂，如聚乙烯分子就是由乙烯分子经聚合反应连接而成的。

$$n\,(CH_2=CH_2) \longrightarrow \text{[}CH_2-CH_2\text{]}_n$$

乙烯　　　　　　　　聚乙烯

1. 塑料的组成

塑料由树脂与添加剂组成，是目前工业上应用最多的非金属材料。

树脂是组成塑料的基本组成物，属于合成高分子化合物，一般占质量分数的30%～100%。树脂的种类与性能基本决定了塑料的基本性能。树脂在塑料中又起黏结剂的作用，故又称黏料。许多塑料是以树脂的名称来命名的，如聚氯乙烯塑料中的树脂就是聚氯乙烯，聚苯乙烯中的树脂是聚苯乙烯等。

添加剂的作用主要是改善某些性能或降低成本。常用的添加剂有填充剂、增塑剂、稳定剂（又称防老化剂）、润滑剂、固化剂、着色剂等。

2. 塑料的分类

常用塑料按其使用范围，可分为通用塑料和工程塑料；按树脂的热性能，可分为热塑性塑料和热固性塑料。常用塑料的类别、特性和代号见表9-1。

表9-1　常用塑料的类别、特性和代号

类　　别	特　　性	典型塑料和代号
热塑性塑料	树脂为线型高分子化合物，能溶于有机溶剂，加热可软化，易于加工成形，并能通过加热反复塑化成形	聚氯乙烯（PVC） 聚乙烯（PE） 聚酰胺（PA） 聚甲醛塑料（POM） 聚碳酸酯（PC）
热固性塑料	网型高分子树脂，固化后重新加热不再软化和熔融，也不溶于有机溶剂，不能再成形使用	酚醛塑料（PF） 氨基塑料（UF） 有机硅塑料（SI） 环氧塑料（EP）

3. 塑料的性能及应用

（1）物理性能和化学性能　塑料的密度小，重量轻，一般塑料的密度仅为钢密度的1/4～1/7，在塑料中加入发泡剂后，泡沫塑料的密度仅为0.02～0.2g/cm³；具有良好的电绝缘性；塑料的耐热性能不如金属，遇热易老化、分解，所以大多数塑料只能在100℃以下使用；塑料的导热性差，热导率仅为金属的1/500～1/600；塑料的线胀系数大，一般为钢的3～10倍，因此，塑料零件的尺寸不稳定。塑料具有良好的耐蚀性能，大多数塑料能耐大气、水、酸、碱、油的腐蚀，因此在化学工业中可用塑料制作耐腐蚀设备和零件。

（2）力学性能 塑料的强度、刚度和韧性都较差，其强度仅为30～150MPa，但塑料的比强度较高；塑料的刚度仅为钢刚度的1/10；塑料具有良好的减摩性和耐磨性，这是因为许多塑料的摩擦因数低，如聚四氟乙烯、尼龙、聚甲醛、聚碳酸酯等都具有小的摩擦因数，同时塑料具有自润滑性，因此，工程上用这类塑料来制造轴承、轴套、衬套、丝杠螺母等摩擦和磨损件。但塑料件易出现蠕变与应力松弛现象。塑料在外力作用下的应变随时间的延长而增加，这种现象称为蠕变，如架空的电线套管会慢慢变弯，这就是蠕变。塑料件还会出现应力松弛现象，如塑料管接头经一定时间使用后，由于应力松弛导致泄漏。此外，塑料还具良好的减振性和消声性，用塑料制作零件可减小机器工作时的振动和噪声。值得一提的是，一般塑料件与金属件比较，加工工艺简便，成本也较低。

常用塑料的名称、特性及应用见表9-2。

表9-2 常用塑料的名称、特性及应用

塑料名称	特　　性	应用举例
聚氯乙烯（PVC）	硬聚氯乙烯强度高，绝缘性、耐蚀性好，但耐热性差，使用温度为 - 10～+ 55℃	可部分代替不锈钢、铜、铝等金属材料制作耐腐蚀设备及零件，如灯头、插座、开关、阀门管件等
	软质聚氯乙烯强度低、伸长率高、易老化、绝缘性和耐蚀性好；泡沫聚氯乙烯密度低、隔热、隔声、防振	农用和工业用包装薄膜、电线绝缘层、人造革、密封件衬套垫。因有毒，不能用于食品和药品包装；泡沫聚氯乙烯可制作衬垫
聚丙烯（PP）	最轻的塑料之一，刚性好，耐热性好，可在100℃以上的高温下使用，化学稳定性好，几乎不吸水，高频电性能好，易成形，低温呈脆性，耐磨性不高	用于耐腐蚀的化工设备及零件，受热的电气绝缘零件，电视机、收音机等家用电器壳，一般用途的齿轮、管道、接头等
聚苯乙烯（PS）	有较好的韧性，优良的透明度（与有机玻璃相似），化学稳定性较好，易成形	用于透明结构零件，如汽车用各种灯罩、电气零件、仪表零件、浸油式多点切换开关、电池外壳等
聚酰胺（尼龙）（PA）	尼龙6的疲劳强度、刚性和耐热性不及尼龙66，但弹性好，有较好的消振和消声性，其余同尼龙66	用于轻载荷、中等温度（80～100℃）、无润滑或少润滑、要求低噪声条件下工作的耐磨受力零件
	尼龙66的疲劳强度和刚性较高，耐热性较好，耐磨性好，摩擦因数低，但吸湿大，尺寸不够稳定	适用于中等载荷、使用温度低于或等于120℃、无润滑或少润滑条件下工作的耐磨受力传动零件

（续）

塑料名称	特 性	应 用 举 例
聚碳酸酯 （PC）	力学性能优异，尤其具有优良的抗冲击性，尺寸稳定性好，耐热性高于尼龙、聚甲醛，长期工作温度可达130℃，但疲劳强度低，易产生应力开裂现象，耐磨性欠佳，透光率达89%，接近有机玻璃	用于支架、壳体、垫片等一般结构零件；也可制作耐热透明结构零件，如防爆灯、防护玻璃等；各种仪器、仪表的精密零件；高压蒸煮消毒医疗器械、人工内脏
聚四氟乙烯 （PTFE）	具有高的化学稳定性，俗称"塑料王"，有异常好的润滑性，对金属的摩擦因数只有0.07~0.14；可在-250~260℃使用；电绝缘性好，耐老化；但强度低，刚性差	用于耐腐蚀化工设备及其衬里与零件，如反应器、管道；减摩自润滑零件，如轴承、活塞销、密封圈等；电绝缘材料及零件，如高频电缆、电容线圈架等
聚甲基丙烯酸甲酯 （有机玻璃，PMMA）	有好的透光性（可透过92%的太阳光，紫外光透过率达73.5%）；综合力学性能好，有一定的耐热、耐寒性；耐蚀性和绝缘性良好；尺寸稳定，易于成形；能进行机械加工；硬度不高，易擦毛	可制作要求有一定强度的透明零件、透明模型、装饰品、广告牌、飞机窗、灯罩、油标、油杯等
酚醛塑料 （电木，PF）	高强度，高硬度，耐热性好（<140℃使用），绝缘和化学稳定性好，耐冲击、耐酸、耐水、耐霉菌，但加工性能差	用于一般机械零件、水润滑轴承、电绝缘件、耐化学腐蚀的结构件和容器衬里、电器绝缘板、绝缘齿轮、耐酸泵、制动片、整流罩
环氧塑料 （EP）	强度高，电绝缘性好，化学稳定性好，耐有机溶剂腐蚀，防潮、防霉，耐热、耐寒，对许多材料的黏着力强，成形方便	用于塑料模具、精密量具、电气和电子元件的灌封与固定、机件修复
氨基塑料 （UF）	又称"电玉"，力学性能、耐热性、绝缘性能接近电木，半透明如玉，颜色鲜艳，耐水性差，可在80℃下长期使用	用于机械零件、电器绝缘件、装饰件，如开关、插座、把手、旋钮、仪表外壳等

二、陶瓷材料

陶瓷是无机非金属固体材料的一种，大体可分为普通陶瓷（传统陶瓷）和特种陶瓷两大类。

普通陶瓷采用天然原料如长石、黏土和石英等烧结而成。这类陶瓷按性能特征和用途，可分为日用陶瓷、建筑陶瓷、电绝缘陶瓷、化工陶瓷等。

特种陶瓷是指各种新型陶瓷，采用高纯度人工合成的原料，并具有某些特殊性能，以适应各种需要。按特种陶瓷用途的不同，可将其分为高温陶瓷、高硬度陶瓷、功能陶瓷等。根据特种陶瓷主要组成的不同，可将其分为氧化物陶瓷、氮化物陶瓷、碳化物陶瓷、金属陶瓷等。

1. 陶瓷的性能特点

（1）力学性能　陶瓷是各类材料中刚度最好、硬度最高的材料，其硬度大多在 1 500HV 以上，因此陶瓷作为超硬耐磨材料特别适宜。机械工业中广泛应用的陶瓷刀具，可用于加工高硬度、难加工材料，以及进行高速切削和加热切削等加工。陶瓷在常温下的应力-应变曲线通常只有弹性变形，而不出现塑性变形，实际情况是在塑性变形以前它就发生脆性断裂，如图 9-1a 所示。由图 9-1a 可见，陶瓷在常温下的抗拉强度较低，塑性和韧性差，但陶瓷的抗压强度较高，可以用作承受压应力的构件。陶瓷在高温下可以测出一定的塑性，如图 9-1b 所示。

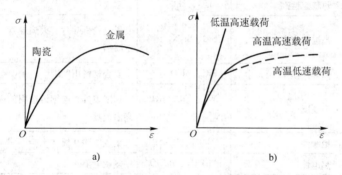

图 9-1　陶瓷材料的应力-应变曲线比较
a）陶瓷与金属的应力-应变曲线比较
b）陶瓷材料在高温与常温下的应力-应变曲线比较

（2）热性能　陶瓷材料一般具有高的熔点（大多在 2 000℃以上），且在高温下具有极好的化学稳定性，所以陶瓷可以制作耐火砖、耐火泥、耐火涂料等，刚玉（Al_2O_3）还能制成耐高温的坩埚；陶瓷的导热性低于金属材料，所以陶瓷还是良好的隔热材料；陶瓷的线胀系数比金属低，因此当温度发生变化时，陶瓷具有良好的尺寸稳定性。

（3）电性能　大多数陶瓷具有良好的电绝缘性，因此大量用于制作各种电压（1～110kV）的绝缘器件。铁电陶瓷（钛酸钡$BaTiO_3$）具有较高的介电常数，可用于制作电容器；铁电陶瓷在外电场的作用下，还能改变形状，将电能转换为机械能（具有压电材料的特性），可制作扩音机、电唱机、超声波仪、声呐、医疗用声谱仪等；少数陶瓷还具有半导体的特性，可制作整流器。

（4）化学性能　陶瓷在高温下不易氧化，并对酸、碱、盐具有良好的耐蚀能力。

此外，陶瓷还有独特的光学性能，可制作固体激光器材料、光导纤维材料、光储存器。透明陶瓷可用于高压钠灯管等。磁性陶瓷（如 $MgFe_2O_4$、$CuFe_2O_4$、Fe_3O_4）在录音磁带、唱片、变压器铁心、大型计算机记忆元件方面有着广泛的应用前途。

2. 常用工业陶瓷及应用

工业陶瓷主要用于制作工模具、耐高温元件、耐磨元件、绝缘材料、高硬度耐磨材料及各种功能材料等。常用的工业陶瓷种类、特性、主要组成及用途见表9-3。

表9-3 常用的工业陶瓷种类、特性、主要组成及用途

种　　类		特　　性	主 要 组 成	用　　途
耐热陶瓷		热稳定性高	MgO、ThO_2	耐火件
		高温强度高	SiC、Si_3N_4	燃气轮机叶片、火焰导管、火箭燃烧室内壁喷嘴
高硬度陶瓷		高弹性模量	SiC、Al_2O_3	复合材料用纤维
		高硬度	WC、TiC、B_4C、BN	切削刀具、连续铸造用的模具、玻璃成形高温模具
功能陶瓷	介电陶瓷	绝缘性	Al_2O_3、Mg_2SiO_4	集成电路基板
		热电性	$PbTiO_3$、$BaTiO_3$	热敏电阻
		压电性	$PbTiO_3$、$LiNbO_3$	振荡器
		强介电性	$BaTiO_3$	电容器
	光学陶瓷	荧光、发光性	Al_2O_3CrNd 玻璃	激光
		红外透过性	$CaAs$、$CdTe$	红外线窗口
		高透明度	SiO_2	光导纤维
		电发色效应	WO_3	显示器
	磁性陶瓷	软磁性	$ZnFe_2O$、γ-Fe_2O_3	磁带、各种高频磁心
		硬磁性	$SrO \cdot 6Fe_2O_3$	电声器件、仪表及控制器件的磁心
	半导体陶瓷	光电效应	CdS、Ca_2Sx	太阳电池
		阻抗温度变化效应	VO_2、NiO	温度传感器
		热电子放射效应	LaB_6、BaO	热阴极

（1）工具陶瓷　能用于制作工模具的陶瓷很多，典型的有硬质合金、氮化硼、金刚石、氧化铝等。作为切削刀具，由于高速切削将使刀具温度升高，若刀具因温度升高而软化，则将失去正常工作的效能。各种刀具材料软化低于55HRC 时的温度如图9-2 所示。

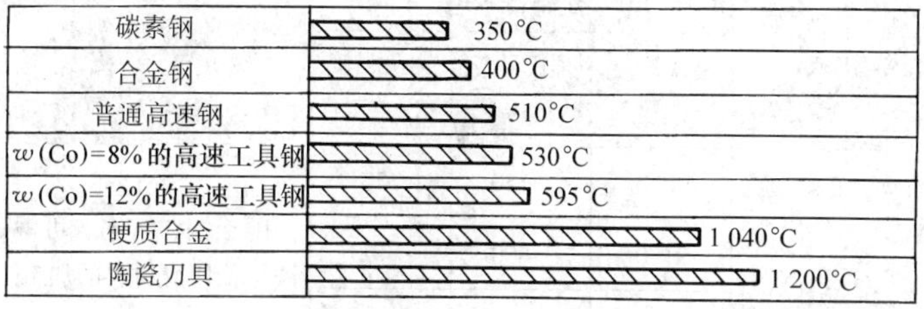

碳素钢	350℃
合金钢	400℃
普通高速钢	510℃
$w(Co)=8\%$ 的高速工具钢	530℃
$w(Co)=12\%$ 的高速工具钢	595℃
硬质合金	1 040℃
陶瓷刀具	1 200℃

图 9-2　各种刀具材料软化低于 55HRC 时的温度

硬质合金是将一种或几种难熔金属的碳化物（如 WC、TiC、TaC 等）粉末和起黏结作用的金属（如钴、镍等）粉末混合，经压制成形，再经过 1 400 ~ 1 500℃高温烧结而成的一种金属陶瓷。

硬质合金常温下的硬度可达 86 ~ 93HRA（相当于 69 ~ 81HRC），热硬性可达 900 ~ 1 000℃，抗压强度可达 6 000MPa，常温下工作时，不会产生塑性变形，900℃时抗弯强度也可达到 1 000MPa 左右。但硬质合金脆性大，韧性低，抗拉强度低，很难被切削加工，因此，常将其制成一定形状的刀片，镶嵌或焊接在钢制的刀体上使用。用硬质合金加工工件，其切削速度比高速工具钢提高 5 ~ 7 倍，刀具寿命可提高几十倍。用硬质合金制作的模具，其使用寿命比工具钢高 20 ~ 150 倍。

根据用途分类，硬质合金可分为切削加工用硬质合金（GB/T 18376.1—2008）、矿山工具用硬质合金（GB/T 18376.2—2014）、耐磨零件用硬质合金（GB/T 18376.3—2001）。

切削加工用硬质合金又可以分为 P、M、K、N、S 等几种类别，分别表示长切屑加工用硬质合金、长切屑或短切屑加工用硬质合金、短切屑加工用硬质合金等。切削加工用硬质合金的分类分组代号表示规则为：类别符号（P、M、K、N、S）＋组别号（二位数字），如 P01、M10、K20 等。同一类别中组别号数字越大，强韧性越好，但硬度、耐磨性下降。

硬质合金可制作车刀、铣刀、钻头、镗刀、铰刀等。一般 "P" 类硬质合金刀具，主要用于加工非合金钢、合金钢等韧性材料；"K" 类硬质合金刀具，主要用于切削铸铁、非金属等脆性材料；"M" 类硬质合金刀具，可用于加工各种钢材（特别是不锈钢、耐热钢、高锰钢等难切削的材料），也可用于加工铸铁等脆性材料。硬质合金还可用于制造模具，如拉丝模、冷冲模和冷挤压模具等。

常用切削加工用硬质合金组别代号、基本组成、力学性能及用途见表 9-4。

表9-4　常用切削加工用硬质合金组别代号、基本组成、力学性能及用途

组别代号	基本组成	力学性能（不小于）			用　途	类似旧牌号[①]
		洛氏硬度 HRA	维氏硬度 HV	抗拉强度 R_{m}/MPa		
P01	硬质增强颗粒： TiC + WC 黏结剂：Co（Ni + Mo、Ni + Co）	92.3	1 750	700	用于钢、铸钢、可锻铸铁等长切屑材料的加工	YT30、 YT15、 YT14
P20		91.0	1 600	1 400		
P40		89.5	1 400	1 750		
M01	硬质增强颗粒： WC + 少量 TiC（TaC、NbC）黏结剂：Co	92.3	1 750	1 350	用于不锈钢、铸钢、可锻铸铁、合金钢、合金铸铁的加工	
M20		91.0	1 600	1 550		
M40		88.5	1 250	1 800		
K01	硬质增强颗粒： WC + 少量 TaC、NbC 黏结剂：Co	92.3	1 750	1 350	用于铸铁、冷硬铸铁、灰铸铁等短切屑材料的加工	
K20		91.0	1 600	1 550		
K40		88.5	1 250	1 800		
N01	硬质增强颗粒： WC + 少量 TaC、NbC（或 CrC）黏结剂：Co	92.3	1 750	1 450	用于非铁金属（铝、镁）、非金属材料（塑料、木材）的加工	
N10		91.7	1 680	1 560		
N30		90.0	1 450	1 700		
S01	硬质增强颗粒： WC + 少量 TaC、NbC（或 TiC）黏结剂：Co	92.3	1 730	1 500	用于耐热钢，含镍、钴、钛的优质合金材料的加工	YW1、YW2
S10		91.5	1 650	1 580		
S30		90.5	1 550	1 750		
H01	硬质增强颗粒： WC + 少量 TaC、NbC（或 TiC）黏结剂：Co	92.3	1 730	1 000	用于淬硬钢、冷硬铸铁的加工	
H10		91.7	1 680	1 300		
H30		90.5	1 520	1 500		

①　旧牌号中还有 WC-Co 硬质合金，如 YG3、YG6、YG8 等。

　　除硬质合金外，金刚石（C）是目前自然界中最硬的材料，也可用于制作钻头、刀具、拉丝模、修整工具等，广泛用于陶瓷、玻璃、石料、混凝土、宝石、玛瑙等的加工。用金刚石工具进行超精加工可达镜面光洁度，但金刚石与铁族金属具有强的亲和力，故不能加工铁基和镍基合金；立方氮化硼（CBN）的硬度仅次于金刚石，而热稳定性和化学稳定性比金刚石好，可对淬火钢、耐磨铸铁、镍基合金等难加工材料进行切削加工。

　　（2）结构陶瓷　这类陶瓷主要用于燃气轮机、发动机的高温零件。目前，铁基、镍基耐热合金最高使用温度不超过1 100℃，影响了发动机推力的提高。

但 Al_2O_3、Si_3N_4、SiC 等陶瓷材料的使用温度可超过 1 400℃，并且具有较小的热膨胀系数及较好的韧性。陶瓷材料比合金具有更高的热强度和热稳定性，从而可提高零件的使用寿命。

1）氧化铝陶瓷：主要组成物为 Al_2O_3（刚玉），一般刚玉的质量分数大于 45%。氧化铝陶瓷具有各种优良的性能（耐高温、耐腐蚀、高强度），用途极为广泛，可用于制作坩埚、发动机火花塞、高温耐火材料、刀具（精密切削、切削淬火钢和冷硬铸铁）、热电偶套管、金属拉丝模、密封环等。

2）氮化硅陶瓷：主要组成物是 Si_3N_4。这是一种高温强度高、高硬度、耐磨、耐腐蚀并能自润滑的高温陶瓷，线胀系数在各种陶瓷中最小，使用温度高达 1 400℃，具有极好的耐蚀性，除氢氟酸外，能耐其他各种酸的腐蚀，能耐碱、耐各种金属的腐蚀，并具有优良的电绝缘性和耐辐射性，可用于制作高温轴承、在腐蚀介质中使用的密封环、热电偶套管、金属切削刀具（用于加工淬火钢、冷硬铸铁、钢结硬质合金、镍基合金）等。

3）碳化硅陶瓷：主要组成物是 SiC。这是一种高强度、高硬度的耐高温陶瓷，在 1 200 ~ 1 400℃使用仍能保持高的抗弯强度，是目前高温强度最高的陶瓷。碳化硅陶瓷还具有良好的导热性、抗氧化性、导电性和高的冲击韧度，是良好的高温结构材料，可用于火箭尾喷管喷嘴、热电偶套管、炉管等高温下工作的部件；利用它的导热性可制作高温下的热交换器材料；利用它的高硬度和耐磨性可制作砂轮、磨料等。

◇◇◇ 第二节 复 合 材 料

复合材料是由两种或两种以上性质不同的物质组成的多相材料。不同的材料复合后，通常其中的一种作为基体起黏结作用，另一种作为增强材料，提高承载能力。两种或多种材料复合后，仍保留各自的性能优点，从而使复合材料具有优良的综合性能。

一、复合材料的分类

按增强材料的性质和形状分类，复合材料可分为纤维增强复合材料、粒子增强复合材料、层叠复合材料三种；按基体的不同分类，复合材料可分为树脂基复合材料、陶瓷基复合材料、金属基复合材料。

二、复合材料的性能特点

复合材料与其他材料相比具有高的比强度及比模量（弹性模量与相对密度

之比），其中以纤维复合材料的比强度和比模量为最高。常用材料的力学性能见表9-5。

复合材料具有良好的抗疲劳性能，如多数金属疲劳极限是抗拉强度的40%～50%，而碳纤维增强的复合材料则高达70%～80%。

复合材料吸振能力强，这是由于复合材料自振频率高，不易产生共振，同时纤维与基体之间有界面存在，对振动有反射和吸收作用。

表9-5 常用材料的力学性能比较

材料名称	密度 /（g/cm³）	抗拉强度 /MPa	比强度 /GPa	弹性模量 /×10²MPa	比模量 /GPa
钢	7.8	1 030	0.130	2 100	0.27
硬铝	2.8	470	0.170	750	0.26
玻璃钢	2.0	1 060	0.530	400	0.21
碳纤维－环氧树脂	1.45	1 500	1.030	1 400	0.21
硼纤维－环氧树脂	2.1	1 380	0.660	2 100	1.00

复合材料高温性能好，各种增强纤维的熔点或软化温度一般都较高，除玻璃纤维的软化点仅为700～900℃外，其他如Al_2O_3、C、BN、SiC、B等纤维的软化点都在2 000℃以上，所以复合材料一般都具有较高的高温强度。例如，一般铝合金在400℃以上时强度仅为室温时的1/10，弹性模量接近于零，而用碳纤维或硼纤维强化的铝材，在400℃时强度和弹性模量几乎和室温时一样，用钨纤维增强的复合材料，使用温度可达1 000℃。

复合材料破损安全性好，复合材料每平方厘米面积上独立的纤维有几千甚至几万根，当构件过载并有少量纤维断裂时，会迅速进行应力重新分配，由未断裂的纤维来承载，使构件在短时间内不会失去承载能力，从而提高了使用安全性。

此外，复合材料一般都具有良好的化学稳定性，制造工艺简单，这些优点使之得到广泛应用，是近代重要的工程材料，已用于喷气飞机的尾翼、直升机的螺旋桨、发动机喷油器，以及汽车、轮船、压力容器、管道、传动零件等。

三、常用复合材料

1. 纤维增强复合材料

（1）玻璃纤维增强复合材料　此材料是指以树脂为基体，以玻璃纤维为增强剂的复合材料。玻璃纤维是由玻璃（主要成分为SiO_2）熔化后以极快的速度抽制而成的，直径多为5～9μm，柔软如丝，单丝的抗拉强度达到1 000～3 000MPa，且具有很好的韧性，是目前复合材料中应用最多的增强纤维材料。根据复合材料基体的不同，其可分为热塑性和热固性两种。

以热塑性树脂作为基体的玻璃纤维增强复合材料，又称为增强塑料。常用的热塑性树脂基体有聚酰胺、聚乙烯、聚丙烯、聚苯乙烯、聚碳酸酯等。其中，应用最广泛、增强效果最明显的是聚酰胺树脂。增强塑料的强度、硬度、弹性模量有所提高，但韧性有所下降。

以热固性树脂为基体的玻璃纤维增强复合材料，又称为玻璃钢。常用的热固性树脂基体有环氧树脂、酚醛树脂、有机硅树脂、不饱和聚酯等，其中以环氧树脂的综合性能为最好，应用最广。玻璃钢力学性能优良，抗拉强度和抗压强度都超过一般钢和硬铝，而比强度更为突出，现在已广泛应用于各种机器护罩、复杂壳体、车辆、船舶、仪表、化工容器、管道等。

（2）碳纤维增强复合材料 碳纤维是将各种纤维在隔绝的空气中经高温炭化制成，一般在2 000℃烧成的是碳纤维，在2 500℃以上石墨化后可得到石墨纤维。碳纤维比玻璃纤维的强度略高，而弹性模量则是玻璃纤维的4~6倍，并且碳纤维具有较好的高温力学性能，目前主要使用的是聚丙烯腈系碳纤维。

碳纤维可以和树脂、碳、金属以及陶瓷等组成复合材料。其常与环氧树脂、酚醛树脂、聚四氟乙烯等复合，不但保持了玻璃钢的优点，而且许多性能优于玻璃钢。例如，碳纤维-环氧树脂复合材料的弹性模量接近于高强度钢，而其密度比玻璃钢小，同时还具有优良的耐磨、减摩、耐热和自润滑性，不足之处是碳纤维与树脂的结合力不够大，各向异性明显。碳纤维复合材料多用于齿轮、活塞、轴承密封件、航天器外层、人造卫星和火箭机架、壳体等，也可用于化工设备及运动器材（如羽毛球拍、钓鱼竿等）。发达国家还大量采用碳纤维增强的复合建筑材料，可使建筑物具有良好的抗震性能。

（3）其他纤维增强复合材料

1）硼纤维复合材料：在直径约为10μm的钨丝、碳纤维上或其他芯线上沉积硼元素制成直径约为100μm的硼纤维增强材料。其强度和弹性模量均比玻璃纤维高，但工艺较复杂、成本高，已逐渐被碳纤维所取代。

2）有机纤维复合材料：以芳香族聚酰胺纤维（芳纶）性能为最佳，主要品种有凯芙拉（Kevlar）、诺麦克斯（Nomex）等。这类纤维是由各种不同的对苯二甲酸或间二甲酸的氯化物与间苯二胺经缩聚而成。其密度是所有纤维中最小的，而强度和弹性模量都很高。与环氧树脂结合的复合材料已在航空、航天工业方面得到应用。同时，芳纶纤维又可用于轮胎帘子线、传动带、电绝缘件等。

2. 层叠复合材料

工业上用的层叠复合材料是用几种性能不同的板材经热压胶合而成的。层叠复合材料广泛应用于要求高强度、耐蚀、耐磨、装饰及安全防护等方面。

层叠复合材料有夹层结构的复合材料、双层金属复合材料、塑料-金属多层复合材料。夹层结构的复合材料已广泛应用于飞机机翼、船舶、火车车厢、运输容器、安全帽、滑雪板等。由两种膨胀系数不同的金属板制成的双层金属复合材料，可用于制造测量和控制温度的简易恒温器等。

3. 粒子增强复合材料

这是由一种或多种颗粒均匀分布在基体中所组成的材料。一般粒子的尺寸越小，增强效果越明显，颗粒的直径小于 $0.1\mu m$ 时，称为弥散强化材料。按需要不同，加入金属粉末可增加其导电性，如加入 Fe_3O_4 磁粉可改善导磁性，加入 MoS_2 可提高减摩性。陶瓷颗粒增强的金属基复合材料，具有高的强度、硬度、耐磨性、耐蚀性和小的膨胀系数，用于制作刀具、重载轴承及火焰喷嘴等高温工作零件。

除上述复合材料外，还有骨架增强复合材料，如多孔浸渍材料等。

◆◆◆ 第三节　其他新材料

新材料的研究与发展的主要方向是对功能材料的开发与利用。功能材料是一大类具有特殊电、磁、光、声、热、力、化学以及生物功能的新型材料，是信息技术、生物技术、能源技术等高技术领域和国防建设的重要基础材料。

一、超导材料

有些材料当温度下降至某一临界温度时，其电阻消失，这种现象称为超导电性。具有这种现象的材料称为超导材料。超导体的另外一个特征是：当电阻消失时，磁力线将不能通过超导体，这种现象称为抗磁性。

一般金属（如铜）的电阻率随温度的下降而逐渐减小，当温度接近于 0K 时，其电阻达到某一值。1919 年，荷兰科学家昂内斯用液氦冷却水银，当温度下降到 4.2K（即 $-269℃$）时，发现水银的电阻完全消失。图 9-3 所示为铜（Cu）与水银（Hg）的电阻率随温度变化的曲线。

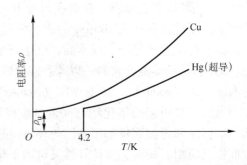

图 9-3　铜与水银的电阻率随温度变化的曲线

超导电性和抗磁性是超导体的两个重要特性。使超导体电阻为零的温度称为临界温度（T_c）。超导材料研究的难题是突破"温度障碍"，即寻找高温超导材料。

以 NbTi、Nb_3Sn 为代表的实用超导材料已实现了商品化，在核磁共振人体成像（NMRI）、超导磁体及大型加速器磁体等多个领域获得了应用；SQUID 作为超导体弱电应用的典范，已在微弱电磁信号测量方面起到了重要作用，其灵敏度是其他任何非超导装置无法达到的。但是，由于常规低温超导体的临界温度太低，必须在昂贵复杂的液氦（温度为 4.2K）系统中使用，因而严重地限制了低温超导应用的发展。

高温氧化物超导体的出现，突破了温度壁垒，把超导应用温度从液氦（温度为 4.2K）提高到液氮（温度为 77K）温区。同液氦相比，液氮是一种非常经济的冷媒，并且具有较高的热容量，给工程应用带来了极大的方便。另外，高温超导体都具有相当高的磁性能，能够用来产生 20T 以上的强磁场。

超导材料最诱人的应用是发电、输电和储能。搭载利用超导材料制成的线圈磁体的超导发电机，磁场强度达到 5～6 万 Gs，而且几乎没有能量损失。与常规发电机相比，超导发电机的单机容量提高 5～10 倍，发电效率提高 50%。超导输电线和超导变压器可以把电力几乎无损耗地输送给用户。据统计，目前的铜导线或铝导线输电，约有 15% 的电能损耗在输电线上，我国每年的电力损失达 1 000 多亿度。若改为超导输电，节省的电能相当于新建数十个大型发电厂。利用超导材料的抗磁性，将超导材料置于永久磁体（或磁场）的上方，由于超导的抗磁性，磁体的磁力线不能穿过超导体，磁体（或磁场）和超导体之间会产生排斥力，使超导体悬浮在上方，利用这种磁悬浮效应可以制作高速超导磁悬浮列车。高速计算机要求在集成电路芯片上的元件和连接线密集排列，但密集排列的电路在工作时会产生大量的热量，若利用电阻接近于零的超导材料制作连接线或超微发热的超导器件，则不存在散热问题，可使计算机的速度大大提高。

二、能源材料

能源材料主要有太阳电池材料、储氢材料、固体氧化物电池材料等。

太阳电池材料是新能源材料。IBM 公司研制的多层复合太阳电池，转换率高达 40%。

氢是无污染、高效的理想能源，氢的利用关键是氢的储存与运输。美国能源部在全部氢能研究经费中，大约有 50% 用于储氢技术。氢对一般材料会产生腐蚀，造成氢脆及渗漏。在运输中也易爆炸。储氢材料的储氢方式是能与氢结合形成氢化物，当需要时加热放氢，放完后又可以继续充氢的材料。目前的储氢材料多为金属化合物，如 $LaNi_5H$、$Ti_{1.2}Mn_{1.6}H_3$ 等。

目前对固体氧化物燃料电池的研究十分活跃，关键是电池材料，如固体电解质薄膜和电池阴极材料，还有质子交换膜型燃料电池用的有机质子交换膜等。

三、智能材料

智能材料是继天然材料、合成高分子材料、人工设计材料之后的第四代材料，是现代高技术新材料发展的重要方向之一。国外在智能材料的研发方面已取得很多技术突破，如英国宇航公司的导线传感器，用于测试飞机蒙皮上的应变与温度。英国开发出一种快速反应形状记忆合金，寿命期具有百万次循环，且输出功率高，以它作制动器时，反应时间仅为 10min。形状记忆合金已成功应用在卫星天线、医学等领域。

另外，还有压电材料、磁致伸缩材料、导电高分子材料、电流变液和磁流变液智能材料、驱动组件材料等智能材料。

四、磁性材料

磁性材料可分为软磁材料和硬磁材料两类。

1. 软磁材料

这是指那些易于磁化并可反复磁化的材料，但在磁场去除后，磁性即随之消失。这类材料的特性标志是：磁导率（$\mu = B/H$）高，即在磁场中很容易被磁化，并很快达到高的磁感应强度，但在磁场消失后，其剩磁很小。这种材料在电子工业中广泛应用于高频技术，如磁心、磁头、存储器磁心；在强电领域可用于制作变压器、开关继电器等。目前常用的软磁体有铁硅合金、铁镍合金、非晶金属。

Fe–（3% ~ 4%）Si 的铁硅合金是最常用的软磁材料，常用于制作低频变压器、电动机及发电机的铁心。铁镍合金的性能比铁硅合金好，典型代表材料为坡莫合金（Permalloy），其成分为 79% Ni 和 21% Fe。坡莫合金具有高的磁导率（磁导率 μ 为铁硅合金的 10 ~ 20 倍）、低的损耗，并且在弱磁场中具有高的磁导率和低的矫顽力，广泛用于电信工业、电子计算机和控制系统方面，是重要的电子材料。

非晶金属（金属玻璃）与一般金属的不同点是其结构为非晶体，它们由 Fe、Co、Ni 及半金属元素 B、Si 组成，其生产工艺要点是采用极快的速度使金属液冷却，使固态金属获得原子无规则排列的非晶体结构。非晶金属具有非常优良的磁性能，它们已用于低能耗的变压器、磁性传感器、记录磁头等。另外，有的非晶金属具有优良的耐蚀性，有的非晶金属具有强度高、韧性好的特点。

2. 硬磁材料（永磁材料）

硬磁材料经磁化后，去除外磁场仍保留磁性。其性能特点是具有高的剩磁、高的矫顽力。利用此特性可制造永久磁铁，可把它作为磁源，常用于指南针、仪表、微电机、电动机、录音机、电话及医疗等方面。硬磁材料包括铁氧体和金属永磁材料两大类。

铁氧体的用量大、应用广泛、价格低，但其磁性能一般，用于一般要求的永磁体。

金属永磁材料中，最早使用的是高碳钢，但其磁性能较差。高性能永磁材料的品种有铝镍钴（Al－Ni－Co）、铁铬钴（Fe－Cr－Co）、稀土永磁。如较早的稀土钴（Re－Co）合金（主要品种有利用粉末冶金技术制成的 $SmCo_5$ 和 Sm_2Co_{17}），以及现在广泛采用的钕铁硼（Nb－Fe－B）稀土永磁。钕铁硼磁体不仅性能优良，而且不含稀缺元素钴，所以作为目前高性能永磁材料的代表，已用于高性能扬声器、电子水表、核磁共振仪、微电机、汽车起动机等。

五、纳米材料

纳米本是一个量度单位（$1nm = 10^{-9}m$）。纳米科学技术是一个融科学前沿的高新技术于一体的完整体系。它的基本涵义是在纳米尺寸范围内认识和改造自然，通过直接操作和安排原子、分子来创新物质。纳米科技主要包括纳米体系物理学、纳米化学、纳米材料学、纳米生物学、纳米电子学、纳米加工学、纳米力学七个方面。

纳米材料是纳米科技领域中最富活力、研究内涵十分丰富的科学分支。用纳米来命名材料起于20世纪80年代。纳米材料是指由纳米颗粒构成的固体材料，其中纳米颗粒的尺寸最大不超过100nm。纳米材料的制备与合成技术是当前主要的研究方向，虽然目前在样品的合成上取得了一些进展，但是至今仍不能制备出大量的块状样品，因此研究纳米材料的制备对其应用起着至关重要的作用。

1. 纳米材料的性能

物理化学性能：纳米颗粒的熔点比常规粉末低得多，这是由于纳米颗粒的表面能高，活性大，熔化时消耗的能量少，如一般铅的熔点为600K，而20nm的铅微粒熔点低于288K；纳米金属微粒在低温下呈现电绝缘性；纳米微粒具有极强的吸光性，因此各种纳米微粒粉末几乎都呈黑色；纳米材料具有奇异的磁性，主要表现在不同粒径的纳米微粒具有不同的磁性能，当微粒的尺寸大于某一临界尺寸时，呈现出高的矫顽力，而小于某一尺寸时，矫顽力很小，如粒径为85nm的镍粒矫顽力很高，而粒径小于15nm的镍微粒矫顽力接近于零；纳米颗粒具有大的比表面积，其表面化学活性远大于正常粉末，因此原来化学惰性的金属铂制成纳米微粒（铂黑）后却变为活性极好的催化剂。

扩散及烧结性能：纳米结构材料的扩散率是普通状态下晶格扩散率的1014～1020倍，是晶界扩散率的102～104倍，因此纳米结构材料可以在较低的温度下进行有效的掺杂，可以在较低的温度下使不混溶金属形成新的合金相。扩散能力提高的另一个结果是可以使纳米结构材料的烧结温度大大降低，因此在较低温度下烧结就能达到致密化的目的。

力学性能：纳米材料与普通材料相比，力学性能有显著的变化，一些材料的强度和硬度成倍地提高；纳米材料还表现出超塑性状态，即断裂前产生很大的伸长量。

2. 纳米材料的应用

（1）纳米金属　如纳米铁材料，是由6nm的铁晶体压制而成的，比普通铁强度提高12倍，硬度提高2~3个数量级，利用纳米铁材料，可以制造出高强度和高韧性的特殊钢材。对于高熔点难成型的金属，只要将其加工成纳米粉末，即可在较低的温度下将其熔化，制成耐高温的元件，用于新一代高速发动机中承受超高温。

（2）纳米陶瓷　利用纳米粉末可使陶瓷的烧结温度下降的特点，可简化生产工艺，同时纳米陶瓷具有良好的塑性，甚至能够具有超塑性，可克服普通陶瓷韧性不足的弱点，大大拓展陶瓷的应用领域。

（3）纳米碳管　纳米碳管的直径只有1.4nm，仅为计算机微处理器芯片上最细电路线宽的1%，其质量是同体积钢的1/6，强度却是钢的100倍。纳米碳管将成为未来高能纤维的首选材料，并广泛用于制造超微导线、开关及纳米级电子线路。

（4）纳米催化剂　由于纳米材料的表面积大大增加，并且表面结构也发生很大变化，使表面活性增强，因此可以将纳米材料用作催化剂，如超细的硼粉、高铬酸铵粉可以作为炸药的有效催化剂；超细的铂粉、碳化钨粉是高效的氢化催化剂，超细的银粉可作为乙烯氧化的催化剂，超细的Fe_3O_4微粒催化剂可以在低温下将CO_2分解为碳和水，在火箭燃料中添加少量的镍粉便能成倍地提高燃烧效率。

（5）量子元件　制造量子元件，首先要开发量子箱。量子箱是直径约为10nm的微小构造，当把电子关在这样的箱子里时，就会因量子效应使电子有异乎寻常的表现，利用这一现象便可制成量子元件。量子元件主要是通过控制电子波动的相位来进行工作的，从而能够实现更高的响应速度和更低的电子消耗。另外，量子元件还可以使元件的体积大大减小，使电路大为简化。人们期待着利用量子元件在21世纪制造出16GB（吉字节）的DRAM，这样的存储器芯片足以存放10亿个汉字的信息。

目前，我国已经研制出一种用纳米技术制造的乳化剂，将其以一定比例加入汽油中后，可使像桑塔纳一类的轿车降低10%左右的耗油量。纳米材料在室温条件下具有优异的储氢能力，在室温常压下，约2/3的氢能可以从这些纳米材料中得以释放，可以不用昂贵的超低温液氢储存装置。

复习思考题

1. 什么叫高分子物质？举例说明天然高分子物质和合成高分子物质。
2. 塑料是怎样分类的？塑料的性能主要取决于什么？
3. 什么是热塑性塑料？什么是热固性塑料？
4. 什么叫普通陶瓷？什么叫特种陶瓷？
5. 陶瓷有何性能特点？举例说明特种陶瓷在工业中的应用。
6. 什么叫复合材料？复合材料有何性能特点？
7. 何为玻璃钢？举例说明其应用。
8. 什么叫功能材料？常用的功能材料有哪些？
9. 什么叫超导材料？它有何性能特点和应用？
10. 什么叫纳米材料？它有何性能特点？

试　题　库

一、判断题（对的画✓，错的画×）

1. 金属在外力作用下产生的变形都不能恢复。　　　　　　　　　　　（　　）

2. 所有金属在拉伸试验过程中都会产生"屈服"现象和"颈缩"现象。
　　　　　　　　　　　　　　　　　　　　　　　　　　　　　　　（　　）

3. 一般低碳钢的塑性优于高碳钢，而硬度低于高碳钢。　　　　　　（　　）

4. 低碳钢、变形铝合金等塑性良好的金属适合于进行各种塑性加工。（　　）

5. 布氏硬度试验法适合于成品的硬度测量。　　　　　　　　　　　（　　）

6. 硬度试验测量简便，属于非破坏性试验，且能反映其他力学性能，因此是生产中最常用的力学性能测量法。　　　　　　　　　　　　　　　（　　）

7. 材料韧性的主要判据是冲击吸收能量。　　　　　　　　　　　　（　　）

8. 一般金属材料在低温时的脆性比在高温时的脆性大。　　　　　　（　　）

9. 机械零件所受的应力小于屈服强度时，是不可能发生断裂的。　　（　　）

10. 1kg 铜和 1kg 铝的体积是相同的。　　　　　　　　　　　　　　（　　）

11. 钢具有良好的力学性能，适宜制造飞机机身、航天飞机机身等结构件。
　　　　　　　　　　　　　　　　　　　　　　　　　　　　　　　（　　）

12. 钨、钼等高熔点金属可用于制作耐高温元件，铅、锡、铋等低熔点金属可制作熔丝和焊接钎料等。　　　　　　　　　　　　　　　　　　　（　　）

13. 电阻率 ρ 高的材料导电性能良好。　　　　　　　　　　　　　（　　）

14. 导热性能良好的金属可以制作散热器。　　　　　　　　　　　　（　　）

15. 一般金属材料都有热胀冷缩的现象。　　　　　　　　　　　　　（　　）

16. 金属都具有铁磁性，都能被磁铁吸引。　　　　　　　　　　　　（　　）

17. 金属的工艺性能好，表明加工容易，加工质量容易保证，加工成本也较低。　　　　　　　　　　　　　　　　　　　　　　　　　　　　　（　　）

18. 低碳钢的焊接性能优于高碳钢。　　　　　　　　　　　　　　　（　　）

19. 低碳钢和低合金钢的可锻性能差，而中、高碳钢和高合金钢的可锻性能好。　　　　　　　　　　　　　　　　　　　　　　　　　　　　　（　　）

20. 晶体中的原子在空间是有序排列的。　　　　　　　　　　　　　（　　）

21. 一般金属在固态下是晶体。　　　　　　　　　　　　　　　　（　　）

22. 金属在固态下都有同素异晶转变。　　　　　　　　　　　　　（　　）

23. 凡由液体转变为固体的过程都叫结晶。　　　　　　　　　　　（　　）

24. 金属结晶时冷却速度越大，结晶晶粒越细。　　　　　　　　　（　　）

25. 一般金属结晶后，表面晶粒比心部晶粒细小。　　　　　　　　（　　）

26. 固溶体的强度一般比构成它的纯金属高。　　　　　　　　　　（　　）

27. 金属都能用热处理的方法来强化。　　　　　　　　　　　　　（　　）

28. 纯金属是导电的，而合金则是不能导电的。　　　　　　　　　（　　）

29. 纯金属和合金的结晶都是在恒温下完成的。　　　　　　　　　（　　）

30. 一般情况下，金属的晶粒越细，力学性能越好。　　　　　　　（　　）

31. 组成合金的组元必须是金属元素。　　　　　　　　　　　　　（　　）

32. 纯铁在 912℃将发生 α-Fe 和 γ-Fe 的同素异晶转变。　　　　　　（　　）

33. Fe_3C 是一种金属化合物。　　　　　　　　　　　　　　　　（　　）

34. 奥氏体和铁素体都是碳溶于铁的固溶体。　　　　　　　　　　（　　）

35. 珠光体是奥氏体和渗碳体组成的机械混合物。　　　　　　　　（　　）

36. 共析钢中碳的质量分数为 0.77%。　　　　　　　　　　　　　（　　）

37. 碳的质量分数小于 2.11% 的铁碳合金称为钢。　　　　　　　　（　　）

38. 由于白口铸铁中存在过多的 Fe_3C，其脆性大，因此较少直接使用。

（　　）

39. 钢中的碳含量越高，其强度、硬度越高，塑性、韧性越好。　　（　　）

40. 绑扎物件一般用低碳钢丝，而起重机吊重物用的钢丝绳应采用中、高碳成分的钢丝制造。　　　　　　　　　　　　　　　　　　　　　　（　　）

41. 接近共晶成分的合金，一般铸造性能较好。　　　　　　　　　（　　）

42. 加热能改善钢的可锻性能，所以锻造加热温度越高越好。　　　（　　）

43. 钢的锻造加热温度一般应选择在单相奥氏体区间。　　　　　　（　　）

44. 随着过冷度的增加，过冷奥氏体的珠光体型转变产物越来越细，其强度越来越高。　　　　　　　　　　　　　　　　　　　　　　　　（　　）

45. 粒状珠光体和片状珠光体一样，都只能由过冷奥氏体经共析转变获得。

（　　）

46. 下贝氏体组织具有良好的综合力学性能。　　　　　　　　　　（　　）

47. 马氏体都是硬而脆的相。　　　　　　　　　　　　　　　　　（　　）

48. 钢等温转变可以获得马氏体，连续冷却转变可以获得贝氏体。　（　　）

49. 消除过共析钢中的网状二次渗碳体可以用完全退火工艺。　　　（　　）

50. 去应力退火时不发生组织转变。　　　　　　　　　　　　　　（　　）

51. 一般情况下，进行退火可软化钢材，进行淬火可硬化钢材。　　（　　）

52. 钢的预备热处理一般应安排在毛坯生产之后，其目的是满足零件使用性能的要求。 （　　）

53. 钢的淬火加热温度都应在单相奥氏体区。 （　　）

54. 淬火冷却速度越大，钢淬火后的硬度越高，因此，淬火的冷却速度越快越好。 （　　）

55. 钢中合金元素越多，淬火后硬度越高。 （　　）

56. 淬火后的钢一般需要及时进行回火。 （　　）

57. 高频感应淬火零件应选择中碳成分的钢制作。 （　　）

58. 渗碳零件一般应选择低碳成分的钢。 （　　）

59. 渗氮工艺适合于要求表面耐磨的高精度零件。 （　　）

60. 钢的回火温度越高，其硬度越高，韧性越差。 （　　）

61. 一般合金钢的淬透性优于与之相同成分的碳素钢。 （　　）

62. 高碳钢的力学性能优于中碳钢，中碳钢的力学性能优于低碳钢。 （　　）

63. 一般情况下，钢中的杂质 Mn 与 Si 是有益元素，P 与 S 是有害元素。

（　　）

64. 一般来说，碳素结构钢主要用于制作机械零件。 （　　）

65. 优质碳素结构钢主要用于制作机械零件。 （　　）

66. 铸钢比铸铁的力学性能好，但铸造性能差。 （　　）

67. 碳素工具钢中碳的含量一般较高。 （　　）

68. 纯铁、白口铸铁和常用灰铸铁的性能相差无几，使用场合也相似。（　　）

69. 钳工锯削 T10 钢比锯削 10 钢费力。 （　　）

70. Q235 钢和 Q345 钢同属于碳素结构钢。 （　　）

71. 20CrMnTi 钢为合金渗碳钢。 （　　）

72. 60Si2Mn 钢为合金调质钢。 （　　）

73. 因为 40Cr 钢为合金钢，所以淬火后马氏体的硬度比 40 钢高得多。（　　）

74. 对于大截面中碳成分的碳素调质钢，往往用正火代替调质处理。 （　　）

75. 碳素工具钢和合金刃具钢之所以常用于手工刀具，是由于它们的热硬性较差。 （　　）

76. 在任何条件下，高锰钢都是耐磨的。 （　　）

77. GCr15 钢中铬的质量分数 w（Cr）= 15%。 （　　）

78. Cr12MoV 钢是不锈钢。 （　　）

79. 高速工具钢除具备一般工具钢的高硬度、高耐磨性能以外，其特点是热硬性高。 （　　）

80. 因为灰铸铁中碳和杂质元素含量高，所以其力学性能特点是硬而脆。

（　　）

81. 石墨在铸铁中是有害无益的。（　　）

82. 白口铸铁具有高的硬度，所以可用于制作刀具。（　　）

83. 可锻铸铁是一种可以锻造的铸铁。（　　）

84. 灰铸铁的力学性能特点是抗压不抗拉。（　　）

85. 通过热处理可改变铸铁中石墨的形状，从而改变其性能。（　　）

86. 纯铝和纯铜是不能用热处理进行强化的金属。（　　）

87. 变形铝合金中一般合金元素含量较低，并且具有良好的塑性，适宜于塑性加工。（　　）

88. 变质处理可有效提高铸造铝合金的力学性能。（　　）

89. 固溶处理后的铝合金在随后的时效过程中，强度下降，塑性改善。（　　）

90. 黄铜呈黄色，白铜呈白色，青铜呈青色。（　　）

91. 因为滑动轴承与轴颈处有摩擦，所以滑动轴承合金应该具备大于50HRC的高硬度。（　　）

92. 纯钛和钛合金的性能特点是质轻，强韧性好，并且耐腐蚀。（　　）

93. 塑料的密度一般仅为钢密度的1/3～1/2。（　　）

94. 玻璃钢是由玻璃和钢组成的复合材料。（　　）

95. 热固性塑料成型后再加热时可软化熔化。（　　）

96. 工程材料中陶瓷的硬度最高，一般高于1 500HV。（　　）

97. 用硬质合金制作刀具，其热硬性比高速工具钢刀具好。（　　）

98. 陶瓷刀具的硬度和热硬性均比钢的高。（　　）

99. 超导材料在常温下的电阻接近于零。（　　）

二、选择题（请将正确答案的序号填入括号内）

1. 在设计机械零件进行强度计算时，一般用（　　）作为设计的主要依据。

（A）抗拉强度　　　　　（B）屈服强度　　　　（C）冲击吸收能量

2. 金属抵抗塑性变形和断裂的能力称为（　　）。

（A）硬度　　　　　　　（B）强度　　　　　　（C）塑性

3. 根据 GB/T 228—2002，拉伸试样应优先选择（　　）。

（A）比例短试样　　　　　　　　　　　（B）比例长试样

（C）非比例试样

4. 拉伸试验可用于测定金属的（　　）。

（A）强度和塑性　　　（B）硬度　　　　（C）密度　　（D）韧性

5. 测量洛氏硬度 HRC 时，采用（　　）压头。

（A）金刚石圆锥　　　（B）淬火钢球　　　（C）正四棱锥

6. 测定淬火钢的硬度，采用（　　）较适宜。

（A）布氏硬度 HBW　　　（B）洛氏硬度 HRC　　　（C）维氏硬度 HV

7. 三种材料的硬度如下，其中硬度最高的为（　　），最低的为（　　）。

（A）50HRC　　　　　（B）350HBW　　　　（C）800HV

8. 一般工程图样上常标注材料的（　　），作为零件检验和验收的主要依据。

（A）强度　　　　　　（B）硬度　　　　　　（C）塑性

（D）冲击吸收能量

9. 小能量多次冲击载荷下工作的零件，其使用寿命主要取决于材料的（　　）。

（A）强度　　　　　　（B）硬度　　　　　　（C）塑性

（D）冲击吸收能量

10. 承受（　　）作用的零件，使用时可能会出现疲劳断裂。

（A）静拉力　　　　　　　　　　（B）静压力

（C）大的冲击力　　　　　　　　（D）交变应力

11. 下列材料中密度最小的是（　　），密度最大的是（　　）。

（A）铝　　　　（B）铁　　　　（C）铅　　　　（D）铜

12. 电阻丝等加热元件，一般应选择电阻率（　　）的材料。

（A）高　　　　　　（B）低　　　　　　（C）任意

13. 导热性差的材料，在热处理加热和冷却时（　　）出现变形和开裂。

（A）易　　　　　　（B）不易　　　　　　（C）关系不大

14. 根据材料的磁性能，Fe、Ni、Co 属于（　　），而 Al、Cu 属于（　　）。

（A）铁磁性物质　　　（B）非铁磁性物质　　　（C）轻金属

15. 金属的流动性（　　），收缩率（　　），表明材料的铸造性能好。

（A）大　　　　（B）好　　　　（C）小　　　　（D）差

16. 金属的压力加工性能主要取决于材料下列性能中的（　　）。

（A）塑性与强度　　　（B）耐蚀性　　　　（C）热膨胀性

17. 一般碳素钢中碳的质量分数（　　）的钢，焊接性能良好。

（A）<0.4%　　　（B）0.4%~0.6%　　　（C）>0.6%

18. 通常材料的硬度在（　　）时，切削加工性能良好。

（A）200~300HBW　　　（B）170~230HBW　　　（C）40~45HRC

19. 固态物质按内部微粒的排列方式，可分为（　　）。

（A）金属与非金属　　　（B）原子与分子　　　（C）晶体与非晶体

20. 实际金属晶体结构中的晶界属于晶体缺陷中的（　　）。

（A）面缺陷　　　　（B）点缺陷　　　　（C）线缺陷

21. 纯铁在常温下具有（　　）晶格。

（A）面心立方　　　（B）密排立方　　　（C）体心立方

22. 黄铜是一种（　　）。

（A）纯金属　　　　　（B）合金　　　　　　（C）非金属

23. 变质处理的目的是（　　）。

（A）细化晶粒　　　　（B）改变晶体结构

（C）改善冶炼质量，减少杂质

24. 加快冷却速度可（　　）过冷度。

（A）增加　　　　　　（B）减小　　　　　　（C）不影响

25. 在无限缓慢冷却条件下测得的金属结晶温度称为（　　）。

（A）实际结晶温度　　（B）理论结晶温度　　（C）过冷结晶温度

26. 金属化合物一般具有（　　）。

（A）低的硬度　　　　　　　　　　　（B）好的塑性

（C）高的熔点　　　　　　　　　　　（D）低的脆性

27. 下列组织中塑性最好的是（　　），脆性最大的是（　　），强度最高的是
（　　）。

（A）铁素体　　　　　（B）珠光体　　　　　（C）渗碳体

28. 钢与铸铁分界点，碳的质量分数是（　　）。

（A）0.77%　　　　　　（B）2.11%　　　　　　（C）4.3%

29. 铁碳合金中的 A_1 线是指（　　）。

（A）PSK 线　　　　　（B）GS 线　　　　　（C）ES 线

30. 过共析钢平衡组织中二次渗碳体的形状是（　　）。

（A）网状　　　　　　（B）片状　　　　　　（C）块状

31. 碳的质量分数为 0.40% 的铁碳合金，室温下平衡组织为（　　）。

（A）P　　　　　　　　（B）P＋F　　　　　　（C）P＋Fe₃C_Ⅱ

32. 要求高硬度和耐磨性的工具，应选用（　　）的钢。

（A）低碳成分　　　　（B）高碳成分　　　　（C）中碳成分

33. 45 钢的锻造加热温度约为（　　）。

（A）1200℃　　　　　　（B）850℃　　　　　　（C）950℃

34. 合金元素可提高钢的耐回火性，意味着淬火钢回火时（　　）。

（A）硬度迅速下降　　（B）硬度不变　　　　（C）硬度降幅减缓

35. 马氏体是碳在（　　）中的过饱和固溶体。

（A）α-Fe　　　　　　（B）γ-Fe　　　　　　（C）δ-Fe

36. 合金钢在回火时，由于合金碳化物直接由马氏体中析出，且呈高度弥散
状态，使钢的硬度提高，这种现象叫作（　　）。

（A）固溶强化　　　　（B）加工硬化　　　　（C）二次硬化

37. 共析钢奥氏体过冷到 350℃ 等温将得到（　　）。

（A）马氏体　　　　　（B）珠光体　　　　　（C）托氏体
（D）贝氏体

38. 过共析钢适宜的淬火加热温度在（　　）。

（A）Ac_1以上 30 ~ 50℃　　　　　　　　（B）Ac_3以上 30 ~ 50℃

（C）Ac_{cm}以上 30 ~ 50℃

39. 为使低碳钢便于切削加工，应采用（　　）热处理。

（A）完全退火　　　（B）球化退火　　　（C）正火

40. 高碳工具钢预备热处理一般采用（　　）。

（A）完全退火　　　（B）球化退火　　　（C）正火

41. 马氏体的硬度主要取决于（　　）。

（A）淬火加热温度　　（B）马氏体中的碳含量（C）淬火冷却速度

42. 45 钢适宜的淬火温度约为（　　）。

（A）840℃　　　　（B）760℃　　　　（C）950℃

43. 淬火冷却时先将工件浸入一种冷却能力强的介质中，随后取出放入另一种冷却能力弱的介质中冷却的淬火工艺称为（　　）。

（A）马氏体分级淬火　　（B）双介质淬火　　　（C）贝氏体等温淬火

44. 淬火钢回火后的硬度值主要取决于（　　）。

（A）回火加热速度　　（B）回火冷却速度　　　（C）回火温度

45. 调质处理是（　　）复合热处理工艺。

（A）淬火 + 高温回火　（B）淬火 + 中温回火　（C）淬火 + 低温回火

46. 渗碳处理后的钢应进行（　　）热处理。

（A）淬火 + 中温回火　（B）淬火 + 低温回火　（C）去应力退火

47. 中小模数的齿轮表面淬火应采用（　　）感应淬火。

（A）高频　　　　　（B）中频　　　　　（C）工频

48. 建筑装潢用古铜色的铝合金型材，其表面是经过（　　）处理的。

（A）涂涂料　　　　（B）磷化　　　　（C）氧化　　　　（D）电镀

49. 用 T12A 钢制作的锉刀，最后热处理应采用（　　）工艺。

（A）淬火 + 中温回火　（B）调质处理　　　（C）淬火 + 低温回火

50. 中碳钢中碳的质量分数范围是（　　）。

（A）0.021 8% ~ 2.11%　　　　　　　　（B）0.021 8% ~ 0.77%

（C）0.20% ~ 0.60%

51. 钢中的硫含量过高会使钢出现（　　）。

（A）冷脆　　　　　（B）热脆　　　　　（C）氢脆

52. 下列材料中（　　）钢适宜制作冲压件。

（A）45　　　　　　（B）65Mn　　　　　（C）08F

53. 合金元素的加入对钢的焊接性能（　　）。

（A）有利　　　　　　（B）有弊　　　　　　（C）影响不大

54. 一般合金元素的加入对钢的强度起（　　）作用。

（A）提高　　　　　　（B）降低　　　　　　（C）影响不大

55. 低碳钢或合金渗碳钢经渗碳、淬火、低温回火后，表面的硬度值可达（　　）。

（A）50～55HRC　　　（B）170～230HBW　　（C）58～64HRC

56. 原用40Cr钢制作的零件，若因材料短缺，可用（　　）钢来替代。

（A）40MnB　　　　　（B）60Si2Mn　　　　　（C）20Cr

57. 淬火钢丝经冷成形后可进行（　　）。

（A）去应力退火　　　（B）完全退火　　　　　（C）调质处理

58. 滚动轴承钢淬火＋低温回火后的硬度为（　　），主要用于制作滚动轴承，也可用于制作精密量具和精密耐磨零件等。

（A）≥62HRC　　　　（B）≥50HRC　　　　　（C）≥260HBW

59. 高速工具钢（W18Cr4V）经1270～1280℃淬火后，应在（　　）进行三次回火，获得回火马氏体和碳化物组织，以得到高的硬度和热硬性。

（A）250℃　　　　　　（B）650℃　　　　　　（C）560℃

60. 高锰钢水韧处理后可获得（　　）组织。

（A）奥氏体　　　　　（B）马氏体　　　　　　（C）下贝氏体

61. 20Cr钢的淬透性（　　）20CrMnTi。

（A）优于　　　　　　（B）低于　　　　　　（C）相当于

62. 大尺寸的弹簧经过热成形后，需要进行余热淬火和（　　）。

（A）低温回火　　　　（B）高温回火　　　　　（C）中温回火

63. 对于要求综合力学性能良好的轴、齿轮、连杆等重要零件，应选择（　　）。

（A）合金调质钢　　　（B）合金弹簧钢　　　　（C）合金工具钢

64. 为获得良好的耐蚀性，不锈钢中碳含量一般应尽量（　　）。

（A）高　　　　　　　（B）低　　　　　　　　（C）中等

65. 对铸铁进行热处理可以改变铸铁组织中的（　　）。

（A）石墨形态　　　　（B）基体组织　　　　　（C）石墨形态和基体组织

66. 灰铸铁中的碳主要以（　　）形式存在。

（A）石墨　　　　　　（B）渗碳体　　　　　　（C）铁素体

67. 灰铸铁的（　　）与钢相当。

（A）塑性　　　　　　（B）抗压强度　　　　　（C）抗拉强度

（D）韧性

68. 灰铸铁件表面和薄壁处出现白口组织，造成切削加工困难，可采用（ ）来改善。

（A）石墨化退火　　　　（B）去应力退火　　　　（C）表面淬火

69. 蠕墨铸铁的（ ）优于灰铸铁，（ ）优于球墨铸铁。

（A）可锻性能　　　　　　　　　　　　（B）焊接性能

（C）铸造性能　　　　　　　　　　　　（D）力学性能

70. 灰铸铁牌号 HT250 中的数字 250 表示（ ）。

（A）抗拉强度　　　　　　　　　　　　（B）屈服强度

（C）断后伸长率　　　　　　　　　　　（D）冲击吸收能量

71. 灰铸铁、可锻铸铁、球墨铸铁、蠕墨铸铁中，力学性能最好的是（ ），铸造工艺最简单的是（ ）。

（A）球墨铸铁　　　　　　　　　　　　（B）蠕墨铸铁

（C）灰铸铁　　　　　　　　　　　　　（D）可锻铸铁

72. 下列三种铸造合金中，（ ）适宜于铸造薄壁铸件。

（A）球墨铸铁　　　　（B）可锻铸铁　　　　（C）铸钢

73. 机床床身、机座、机架、箱体等铸件适宜采用（ ）铸造。

（A）灰铸铁　　　　　　　　　　　　　（B）可锻铸铁

（C）球墨铸铁　　　　　　　　　　　　（D）铸钢

74. 按性能来分类，变形铝合金的（ ）优良，而铸造铝合金的（ ）良好。

（A）工艺性能　　　　　　　　　　　　（B）塑性

（C）铸造性能　　　　　　　　　　　　（D）使用性能

75. 纯铝、防锈铝可采用（ ）方法来强化。

（A）形变强化　　　　　　　　　　　　（B）固溶热处理加时效

（C）变质处理

76. 下列牌号中，属于普通黄铜的有（ ）、（ ），属于特殊黄铜的有（ ）、（ ）。

（A）H62　　　　　　　　　　　　　　（B）ZCuZn38

（C）HSn62-1　　　　　　　　　　　　（D）ZCuZn40Pb2

77. 硬质合金的热硬性可达（ ）。

（A）500～600℃　　　（B）600～800℃　　　（C）900～1 100℃

78. 切削淬火钢和耐磨铸铁等高硬度材料时，宜选用（ ）材料制作的刀具。

（A）立方氮化硼陶瓷　　　　　　　　　（B）合金工具钢

（C）高速工具钢　　　　　　　　　　　（D）金刚石

79. 加工玻璃、玛瑙等材料以及进行超精加工的工具，宜选用（　　）制作。

（A）立方氮化硼陶瓷　　　　　　　　（B）合金工具钢

（C）高速工具钢　　　　　　　　　　（D）金刚石

80. 碳纤维-树脂复合材料的比强度约为钢的（　　）。

（A）4 倍　　　　　　（B）8 倍　　　　　　（C）15 倍

三、填空题

1. 工程材料按成分特点可分为金属材料、非金属材料、_____；金属材料又可分为_____两类；非金属材料主要有_____、_____。

2. 钢与铸铁的主要组成元素都是铁与碳，同时含有_____等杂质元素；钢中的碳含量与杂质元素的含量都比铸铁中的_____。

3. 材料的性能包括使用性能与_____，使用性能包括_____、化学性能、物理性能等。

4. 金属材料的力学性能主要指标有_____、_____、_____等；强度的主要判据有_____、_____。

5. 金属的拉伸试验可以测量材料的强度和_____；硬度测量方法最简便常用，主要方法有布氏硬度法、_____、_____等。

6. 铜、铝、铁、铅、钨、锡这六种金属，按密度由高至低排列为_____，按熔点由高至低排列为_____。

7. 晶体是指_____。晶体结构可用晶格来描述，常见的金属晶格有_____、_____、_____。

8. 金属 Cu、Al、γ-Fe 等金属的晶格类型为_____，α-Fe、β-Ti、Cr、W 等金属的晶格类型为_____。

9. 合金是_____，合金相结构主要有_____、_____，其中_____常作为合金的基体相，_____少量、弥散分布时可强化合金，常作为强化相。

10. 实际金属的结晶温度总是低于理论结晶温度，这种现象称为_____。

11. 一般情况下金属的冷却速度越快，过冷度越_____，结晶后的晶粒越_____，金属的强度越_____。

12. 铁碳合金的主要力学性能与碳的质量分数之间的关系是：当 $w(C) < 0.9\%$ 时，随着碳质量分数的增加，其_____、_____增加，而_____降低；当 $w(C) > 0.9\%$ 时，随着碳质量分数的增加，其_____、_____降低。

13. 铁碳合金在室温下平衡组织组成物的基本相是_____、_____，随着碳的质量分数的增加，_____相的相对量增多，_____相的相对量却减少。

14. 珠光体是一种复相组织，它由_____和_____按一定比例组成。珠光体用符号_____表示。

15. 铁碳合金中，共析钢的 $w(C)$ = _____，室温平衡组织为_____；亚共析钢的 $w(C)$ = _____，室温平衡组织为_____；过共析钢的 $w(C)$ = _____，室温平衡组织为_____。

16. 铁碳合金结晶过程中，从液体中析出的渗碳体称为_____渗碳体；从奥氏体中析出的渗碳体称为_____渗碳体；从铁素体中析出的渗碳体称为_____渗碳体。

17. 钢的整体热处理主要有_____、_____、_____和_____。

18. 马氏体的硬度主要取决于_____。

19. 常用的退火工艺方法有_____、_____和_____。

20. 常用的淬火介质有_____、_____、_____。

21. 常用的淬火方法有单介质淬火、_____、_____和_____。

22. 常见的热处理缺陷有_____、_____、_____、_____。

23. 常用的回火方法有_____、中温回火、_____；中温回火的温度范围是_____。

24. 化学热处理通常都由_____、_____和_____三个基本过程组成。

25. 根据各种合金元素规定含量界限值，将钢分为_____、_____、_____三大类。

26. Q235BF 表示屈服强度为_____，质量为_____的碳素结构钢。

27. Q390A 表示屈服强度为_____，质量为_____的低合金高强度结构钢。

28. 一般情况下，钢中合金元素含量越多，钢的淬透性越_____。

29. 高的耐回火性和二次硬化使合金钢在较高温度（500～600℃）下仍能保持高硬度（≥60HRC），这种性能称为_____。

30. 易切削钢是指钢中加入_____元素，利用其本身或与其他元素形成一种对切削加工有利的_____相，来改善钢材的_____。

31. 钢的耐热性是包括_____和_____的综合性能。耐热钢按性能和用途可分为_____和_____两类。

32. 常用的不锈钢按组织分为_____、_____、_____等。

33. 除少量溶解于固溶体外，碳在铸铁中的主要存在形式有_____和_____。

34. 根据灰铸铁中石墨的形态不同，又可将其分为_____、_____

和_____。

35. 石墨化过程是指_____。

36. 可锻铸铁是由_____经_____而获得的。

37. 影响石墨化的主要因素是_____和_____。

38. 石墨虽然降低了灰铸铁的力学性能，但是却给灰铸铁带来一系列其他的优良性能，主要有：良好的铸造性能、_____、_____、和_____。

39. 根据铝合金一般相图可将铝合金分为_____和_____两类。

40. 高分子材料按来源不同可分为_____和合成高分子材料。合成高分子化合物一般是由一种或几种_____聚合而成的；高分子化合物又称为_____和_____。

41. 陶瓷可分为_____和特种陶瓷两类；特种陶瓷按用途可分为结构陶瓷、_____、_____；结构陶瓷的主要品种有_____、_____、_____等。

42. 复合材料按增强材料的形状分为_____、_____、_____等；按基体不同可分为_____、_____、_____。

43. 橡胶的主要组成有生胶、_____、_____；橡胶的性能特征是具有很好的_____，同时具有良好的_____性能。

44. 超导材料是指_____。超导材料还具有_____的磁特性。

45. 按材料的磁化特征，磁性材料可分为软磁材料与_____。

四、简答题

1. 什么叫材料的使用性能？什么叫工艺性能？

2. 什么叫强度？强度有哪些常用的判据？

3. 为什么在对零件进行强度设计时主要以屈服强度为参考依据？

4. 常用的硬度测量方法有哪些？为什么硬度试验是最进行的力学性能试验？

5. 金属的疲劳断裂是怎样产生的？

6. 某厂购进一批 15 钢，按国家标准规定，力学性能应符合以下要求：$R_m \geqslant 375\text{MPa}$、$R_{eL} \geqslant 225\text{MPa}$、$A \geqslant 27\%$、$Z = 55\%$，入厂检验时采用 $d_0 = 10\text{mm}$，$L_0 = 50\text{mm}$ 的标准试样进行拉伸试验，测得 $F_m = 33.70\text{kN}$，$F_{eL} = 20.50\text{kN}$，$L_u = 64.0\text{mm}$，$d_u = 6.5\text{mm}$，试列式计算并回答这批钢材的力学性能是否合格。

7. 下列材料各宜采用何种硬度试验方法来测定其硬度值？

供应态碳素钢　淬火钢　铸铁　铝合金　硬质合金

8. 金属的晶粒大小对力学性能有何影响？生产中有哪些细化晶粒的方法？

9. 试分析厚大铸件表面和心部晶粒大小的区别。为什么铸件加工余量过大会使加工后铸件的强度降低？

10. 合金中的基本组成相有哪两类？它们的性能各有何特点？

11. 默画出 Fe-Fe₃C 相图，并简述该相图的用途。

12. 根据 Fe-Fe₃C 相图，判断下表中四种碳含量的铁碳合金在给定温度下的组织。

碳的质量分数（%）	0.2		0.4		0.77		1.0	
温度/℃	770	950	500	770	650	790	750	950
显微组织								

13. 简述退火状态下钢中碳的质量分数、显微组织与力学性能的关系。

14. 碳的质量分数 $w(C)$ 分别为 0.10%、0.45%、1.2% 的三种钢，在退火状态下的力学性能有何不同？为什么？

15. 奥氏体化对钢热处理的意义是什么？奥氏体的晶粒大小对热处理后的组织和性能有何影响？

16. 过冷奥氏体在不同温度下等温时会发生哪些组织转变？其最终产物的性能如何？

17. 普通热处理的四把"火"分别指的是哪几种热处理工艺？

18. 热处理工艺不当会造成哪些缺陷？

19. 淬火的目的是什么？

20. 为什么淬火后的钢一般需要及时进行回火处理？

21. 常用的回火工艺有哪几种？简述它们的用途。

22. 感应淬火的特点是什么？

23. 化学热处理的目的是什么？常用的化学热处理方法有哪些？

24. 去应力退火和回火都可消除内应力，试问两者在生产中是否通用？为什么？

25. 列表比较表面淬火、渗碳、渗氮工艺所适用的材料，最终能达到的表面性能、工艺成本。

26. 热处理的发展方向有哪些？

27. 工程材料的表面防护和装饰方法有哪些？

28. 为什么要控制钢中硫与磷的含量？

29. 20、45、T8、T12 钢的力学性能有何区别？

30. 说出下列碳素钢牌号的类别，以及钢号中符号和数字的含义。

　　Q235AF　08　45　T10A

31. 为什么锯断 T10 钢比锯断 10 钢费力？

32. 碳素工具钢是否可用于制作铣刀、麻花钻等高速切削的刀具？为什么？

33. 为什么重要的或大截面的零件一般不宜用碳素钢制作而要用合金钢制作?

34. 为什么碳素渗碳钢和合金渗碳钢采用低碳成分?

35. 为什么碳素调质钢和合金调质钢采用中碳成分?

36. 为什么合金刃具钢的使用寿命比碳素工具钢的使用寿命长?

37. 对量具用钢有何要求? 量具一般应进行怎样的热处理? 高精度量具常用什么钢制作?

38. 热作模具钢和冷作模具钢的使用条件和性能要求有何不同? 它们分别常用哪些材料制作?

39. 高速工具钢是否适宜制作锉刀、丝锥、板牙等低速切削工具?

40. 说明下列钢号所属的类别。

20CrMnTi 50CrVA GCr15 W18Cr4V 12Cr18Ni9 5CrNiMo 38CrMoAl
Cr12 ZG100Mn13 40Mn2 Q345 9SiCr

41. 灰铸铁有哪些性能特点? 为什么?

42. 为什么热处理不能明显改善灰铸铁的力学性能?

43. 说出下列铸铁牌号中数字符号的含义。

　　　HT300　　QT600-3　　KTH300-06　　RuT420

44. 为什么球墨铸铁的力学性能明显高于灰铸铁?

45. 根据成分和性能特点,铝合金是如何分类的?

46. 根据化学成分,铜合金分为哪几类? 根据加工方法,铜合金是如何分类的?

47. 钛及钛合金有哪些性能特点?

48. 滑动轴承合金有哪些性能要求? 常用的滑动轴承材料有哪些?

49. 硬质合金有何性能特点?

50. 说出下列材料牌号的类别。

H68 2A11 ZAlSi12 ZCuZn16Si4 ZCuSn10P1 QBe2 HSn62-1

51. 什么是热塑性塑料和热固性塑料? 试举例说明。

52. 什么叫复合材料? 举出三种复合材料的应用实例。

53. 超导材料有何性能特点? 目前影响超导材料进入实际使用阶段的障碍是什么?

54. 什么叫纳米材料? 纳米材料有何性能特点?

55. 从下列材料中选择合适的牌号填入表格中。

Q235AF T10 Q420 CrWMn W18Cr4V 45 20CrMnTi 50CrVA
HT150 QT800-2 Cr12MoV 30Cr13 GCr15 ZAlSi12Cu2Mg1 ZCuPb30 PS
3A21 38CrMoAl

零件名称	选用材料	零件名称	选用材料
机床主轴		手用锯条	
汽车变速器齿轮		柴油机曲轴	
大型冷冲模		车床床身	
医用手术刀		车辆减振弹簧	
机用麻花钻		大型桥梁钢结构	
建筑钢结构件		高精度量具	
滚动轴承		汽油机活塞	
柴油机曲轴轴承		汽车灯罩	
饮料罐		精密磨床主轴	

56. 某机床齿轮采用40Cr钢制作，要求齿表面硬度为50～55HRC，整体要求良好的综合力学性能，硬度为34～38HRC。其加工工艺路线为：下料→锻造→热处理1→机械粗加工→热处理2→机械精加工→热处理3→磨削加工。试写出工序中各热处理的方法及它们的作用。

57. 用T10钢制作的简单刀具的加工工艺路线为：下料→锻造→热处理1→切削加工→热处理2→磨削。试写出工序中各热处理工艺的名称和作用。

答　案

一、判断题

1.（×）	2.（×）	3.（✓）	4.（✓）	5.（×）	6.（✓）
7.（✓）	8.（✓）	9.（×）	10.（×）	11.（×）	12.（✓）
13.（×）	14.（✓）	15.（✓）	16.（×）	17.（✓）	18.（✓）
19.（×）	20.（✓）	21.（✓）	22.（×）	23.（×）	24.（✓）
25.（✓）	26.（✓）	27.（×）	28.（×）	29.（×）	30.（✓）
31.（×）	32.（✓）	33.（✓）	34.（✓）	35.（×）	36.（✓）
37.（✓）	38.（✓）	39.（×）	40.（✓）	41.（✓）	42.（×）
43.（✓）	44.（✓）	45.（×）	46.（✓）	47.（×）	48.（×）
49.（×）	50.（✓）	51.（✓）	52.（×）	53.（×）	54.（×）
55.（×）	56.（✓）	57.（✓）	58.（✓）	59.（✓）	60.（×）
61.（✓）	62.（×）	63.（✓）	64.（×）	65.（✓）	66.（✓）
67.（✓）	68.（×）	69.（✓）	70.（×）	71.（✓）	72.（×）
73.（×）	74.（✓）	75.（✓）	76.（×）	77.（×）	78.（×）
79.（✓）	80.（×）	81.（×）	82.（×）	83.（×）	84.（✓）
85.（×）	86.（✓）	87.（✓）	88.（✓）	89.（×）	90.（×）
91.（×）	92.（✓）	93.（×）	94.（×）	95.（×）	96.（✓）
97.（✓）	98.（✓）	99.（×）			

二、选择题

1.（B）	2.（B）	3.（A）	4.（A）
5.（A）	6.（B）	7.（C）,（B）	8.（B）
9.（A）	10.（D）	11.（A）,（C）	12.（A）
13.（A）	14.（A）,（B）	15.（B）,（C）	16.（A）
17.（A）	18.（B）	19.（C）	20.（A）
21.（C）	22.（B）	23.（A）	24.（A）
25.（B）	26.（C）	27.（A）,（C）,（B）	
28.（B）	29.（A）	30.（A）	31.（B）

32. （B）	33. （A）	34. （C）	35. （A）
36. （C）	37. （D）	38. （A）	39. （C）
40. （B）	41. （B）	42. （A）	43. （B）
44. （C）	45. （A）	46. （B）	47. （A）
48. （C）	49. （C）	50. （C）	51. （B）
52. （C）	53. （B）	54. （A）	55. （C）
56. （A）	57. （A）	58. （A）	59. （C）
60. （A）	61. （B）	62. （C）	63. （A）
64. （B）	65. （B）	66. （A）	67. （B）
68. （A）	69. （D），（C）	70. （A）	71. （A），（C）
72. （B）	73. （A）	74. （B），（C）	75. （A）
76. （A），（B）；（C），（D）		77. （C）	78. （A）
79. （D）	80. （B）		

三、填空题

1. 复合材料；钢铁材料和非铁金属材料；有机高分子材料、陶瓷材料

2. 硅、锰、磷、硫；低

3. 工艺性能；力学性能

4. 强度、塑性、硬度、韧性；屈服强度、抗拉强度

5. 塑性；洛氏硬度法、维氏硬度法

6. 钨、铅、铜、铁、锡、铝；钨、铁、铜、铝、铅、锡

7. 内部原子（或分子）在三维空间按一定规律周期性排列的固态物质；体心立方晶格、面心立方晶格、密排六方晶格

8. 面心立方晶格；体心立方晶格

9. 由两种或两种以上的金属元素或金属元素与非金属元素组成的，具有金属特性的物质；固溶体、金属化合物；固溶体；金属化合物

10. 过冷现象

11. 大；细；高

12. 强度、硬度；塑性、韧性；强度、塑性、韧性

13. 铁素体、渗碳体；渗碳体；铁素体

14. 铁素体、渗碳体；P

15. 0.77%，P；0.0218% ~0.77%，P + F；0.77% ~2.11%，P + Fe_3C_{II}

16. 一次；二次；三次

17. 退火、正火、淬火、回火

18. 马氏体中的碳含量

19. 完全退火、球化退火和去应力退火

20. 水、油、盐浴

21. 双介质淬火、分级淬火、等温淬火

22. 过热和过烧、氧化和脱碳、变形和开裂、硬度不足和软点

23. 低温回火、高温回火；250～500℃

24. 分解、吸附、扩散

25. 低合金钢、中合金钢、高合金钢

26. 235 MPa；B 级；碳素结构

27. 390 MPa，A 级

28. 好

29. 热硬性

30. S、Pb、P；化合物；切削加工性

31. 抗氧化性、高温强度；抗氧化钢、热强钢

32. 马氏体不锈钢、铁素体不锈钢、奥氏体不锈钢

33. 渗碳体和石墨

34. 灰铸铁、球墨铸铁、可锻铸铁、蠕墨铸铁

35. 铸铁中的碳以石墨形态析出的过程

36. 白口铸铁、石墨化退火

37. 化学成分、冷却速度

38. 良好的减振性能、良好的减摩性能、良好的切削加工性能、小的缺口敏感性

39. 变形铝合金、铸造铝合金

40. 天然高分子材料；单体；高聚物、聚合物

41. 普通陶瓷；工具陶瓷、功能陶瓷；氧化铝陶瓷、氮化硅陶瓷、碳化硅陶瓷

42. 纤维增强复合材料、颗粒增强复合材料、层叠复合材料；树脂基复合材料、陶瓷基复合材料、金属基复合材料

43. 配合剂、增强材料；弹性；可挠性、伸长率、耐磨性、电绝缘性、耐蚀性、隔音、吸振

44. 当温度低于某一临界温度时，电阻消失为零的材料；磁力线不能通过超导体，即具有抗磁性

45. 硬磁材料

四、简答题

1. 答 材料的使用性能是指保证工件正常工作应具备的性能，即在使用过

程中表现出的性能，如力学性能、物理性能、化学性能等。

材料的工艺性能是指材料在被加工过程中适应各种冷热加工的性能，如切削加工性能、热处理性能、焊接性能、铸造性能、可锻性能等。

2. 答　强度是指材料在力的作用下，抵抗塑性变形和断裂的能力。强度的主要判据有屈服强度和抗拉强度等。

3. 答　屈服强度是材料产生塑性变形而力不增加的应力，也表示材料发生明显塑性变形的最低应力。保证正常服役，一般机械零件是不允许产生明显塑性变形的，也就是说所受的应力不允许超过屈服强度，故在强度设计时主要应以屈服强度作为参考依据。

4. 答　金属常采用压入法测量硬度。压入法测硬度的常用方法有布氏硬度法、洛氏硬度法和维氏硬度法。

硬度测量具有简便快捷，能反映材料的其他性能（如强度），并且硬度试验属于非破坏性试验，不需特别制成试样，可以在原材料、半成品和成品上直接测量，所以硬度测量是最常用的力学性能试验法。

5. 答　当金属承受交变载荷时，即使应力峰值远小于材料的屈服强度，也会在使用中出现疲劳断裂。其原因是这种交变应力的作用使材料内部的疲劳源（小裂纹、夹杂、划痕、应力集中等部位）处产生裂纹并不断扩展，使零件的有效承载面积减小，这种一处或多处产生的局部永久性积累损伤，最后导致零件的断裂。

6. 解　这批钢材的力学性能计算如下：

1）试样的原始标距长度：$L_0 = 5d_0 = 5 \times 10\text{mm} = 50\text{mm}$（因为试验采用标准短试样）。

2）试样的原始截面积：$S_0 = \dfrac{\pi d_0^2}{4} = \dfrac{3.14 \times (10\text{mm})^2}{4} = 78.5\text{mm}^2$。

3）试样断口截面积：$S_u = \dfrac{\pi d_u^2}{4} = \dfrac{3.14 \times (6.5\text{mm})^2}{4} = 33.2\text{mm}^2$。

4）抗拉强度：$R_m = \dfrac{F_m}{S_0} = \dfrac{33.70 \times 10^3}{78.5}\text{MPa} = 429.3\text{MPa}$。

5）屈服强度：$R_{eL} = \dfrac{F_{eL}}{S_0} = \dfrac{20.50 \times 10^3}{78.5}\text{MPa} = 261.1\text{MPa}$。

6）断后伸长率：$A = \dfrac{L_u - L_0}{L_0} \times 100\% = \dfrac{64.0\text{mm} - 50.0\text{mm}}{50.0\text{mm}} \times 100\% = 28\%$。

7）断面收缩率：$Z = \dfrac{S_0 - S_u}{S_0} \times 100\% = \dfrac{78.5\text{mm}^2 - 33.2\text{mm}^2}{78.5\text{mm}^2} \times 100\% = 57.7\%$。

答　对照15钢国家标准，这批钢材的各项力学性能指标均符合要求，为合格品。

7. 答　供应态碳素钢——布氏硬度 HBW。

淬火钢——洛氏硬度 HRC。

铸铁——布氏硬度 HBW。

铝合金——布氏硬度 HBW。

硬质合金——洛氏硬度 HRA 或维氏硬度 HV。

8. 答　一般在常温下使用的金属，晶粒越细，其强度、塑性和韧性越好。生产中细化晶粒的主要方法是进行变质处理和增加过冷度，同时也可采用附加振动的方法。

9. 答　厚大铸件表面与心部的冷却速度不一致，表面冷却速度较大，结晶过冷度大，结晶后的晶粒较细，而心部的冷却速度较小，结晶过冷度小，结晶后的晶粒较粗，因此，一般铸件表面的性能优于心部的性能。若铸件的加工余量过大，则将表面细晶粒部分过多地切除，从而降低铸件的强度。

10. 答　合金中的基本组成相有固溶体和金属化合物。合金中的组元间形成固溶体后，产生固溶强化，固溶体的强度一般优于组成固溶体的纯金属，同时固溶体还具备良好的塑性和韧性，因此，合金组织中的基体一般应为这种强韧性兼备的固溶体；金属化合物具有高的熔点和硬度，但脆性较大，一般作为合金中的强化相，当其量少、呈细小均匀分布时，可强化合金，提高硬度和耐磨性等，但当其量大、呈粗大分布时，会增加合金的脆性。

11. 答　默画相图（略，见第三章图3-3）。Fe-Fe$_3$C 相图的主要用途有：

（1）在选材方面的应用　相图揭示了铁碳合金中碳含量与组织的关系，从而可判断不同成分铁碳合金的性能，可根据性能要求选择不同碳含量的钢材。例如，一般用于建筑结构的各种型钢，需要具备良好的塑性、韧性，应选用 $w(C) < 0.25\%$ 的低碳成分的钢材；机械工程中的各种轴、齿轮等受力较大的零件，需要兼有高的强度、塑性和韧性，应选用 $w(C) = 0.30\% \sim 0.55\%$ 的中碳成分的钢材；而各种工具要求具备高的硬度、耐磨性，多选用 $w(C) = 0.70\% \sim 1.2\%$ 的碳含量高的钢材。

（2）在铸造方面的应用　可根据 Fe-Fe$_3$C 相图选择适宜铸造的合金和确定铸造温度，一般共晶成分 $[w(C) = 4.3\%]$ 附近的合金具有低的熔点和良好的流动性，适宜铸造，浇注温度为液相线以上50 ~ 100℃。

（3）在锻造方面的应用　根据 Fe-Fe$_3$C 相图，可确定锻造加热温度，一般为液相线以下 100 ~ 200℃，获得单相奥氏体组织时具有良好的塑性和小的变形抗力，适宜于锻造。

（4）在热处理方面的应用　热处理加热时为获得全部奥氏体或部分奥氏体，需要在不同的温度下加热，根据 Fe-Fe$_3$C 相图，可确定不同成分的铁碳合金热处理的加热温度。

12. 答　四种合金在不同温度下的显微组织如下表所示：

碳的质量分数（%）	0.2		0.4		0.77		1.0	
温度/℃	700	950	500	770	650	790	750	950
显微组织	F + A	A	F + P	F + A	P	A	P + Fe$_3$C$_{II}$	A

13. 答　退火后的钢获得接近平衡状态的组织，根据 Fe-Fe$_3$C 相图可知，碳的质量分数小于 0.77% 的亚共析钢，平衡组织为 F + P，随着碳含量的增加，组织中 P 的量增多，因此，其强度、硬度升高，而塑性、韧性下降；碳的质量分数为 0.77% 的共析钢，其平衡组织为 P，其强度、硬度高于亚共析钢，而塑性、韧性不及亚共析钢；碳的质量分数为 0.77% ~ 2.11% 的过共析钢，其平衡组织为 P + Fe$_3$C$_{II}$，其强度、硬度较高，塑性、韧性比共析钢和亚共析钢差，但若碳的质量分数过高（> 0.9%），则组织中的二次渗碳体呈连续网状分布，使强度下降。综上所述，钢中碳含量增加，组织中 Fe$_3$C 相的数量增加，其强度、硬度升高，而塑性、韧性下降，但当碳的质量分数大于 0.9% 时，过共析钢的强度开始下降。

14. 答　碳的质量分数为 0.10% 的碳素钢，退火后组织为 F + P，且 F 的量较多，因此，其塑性、韧性良好，而强度、硬度不高；碳的质量分数为 0.45% 的钢，退火后组织同样为 F + P，但其中 P 和 F 的量相当，因此，其既有一定的强度、硬度，又有较好的塑性、韧性；碳的质量分数为 1.2% 的钢，退火后的组织为 P + Fe$_3$C$_{II}$，其硬度较高，但塑性、韧性较差。

15. 答　热处理加热的主要目的是获得全部或部分奥氏体组织，以便通过不同的冷却方式使过冷奥氏体转变为所需的组织和性能，即钢在热处理后所获得的冷却组织都是由过冷奥氏体转变而成的。

奥氏体的晶粒越细，冷却后的转变组织越细，强度、塑性和韧性也就越好，尤其对淬火钢回火的韧性具有很大的影响。

16. 答　过冷奥氏体的等温转变产物分为：高温转变的珠光体型组织，中温转变的贝氏体型组织。随着转变过冷度下降（转变温度下降），组织越来越细，其强度、硬度也就越高。

17. 答　普通热处理的四把"火"是指退火、正火、淬火、回火。

18. 答　热处理加热、保温和冷却工艺不当，都会造成热处理缺陷。主要热处理缺陷有氧化、脱碳、过热、过烧、变形、裂纹、硬度不足、软点等。

19. 答　淬火的目的是获得马氏体或下贝氏体组织，强化钢材，以便通过随后的回火工艺获得所需要的使用性能。

20. 答　淬火后的钢存在很大的淬火应力，如不及时消除，易造成变形和开裂；淬火后获得的马氏体是亚稳定组织，且具有一定的脆性。为消除淬火应力，防止变形、开裂和稳定组织，从而稳定淬火零件的尺寸，消除马氏体的脆性和改善韧性，一般淬火后的钢应及时进行回火处理。

21. 答　根据回火温度的不同，回火工艺分为低温回火、中温回火、高温回火。各回火工艺的温度、组织、性能及应用见下表：

回火方法	回火温度/℃	回火组织	回火后硬度	应　　用
低温回火	<250	$M_{回}$	58～64HRC	要求高硬度和耐磨的工具和零件，如切削刀具、冷冲模具、量具、滚动轴承、渗碳件等
中温回火	250～500	$T_{回}$	35～50HRC	要求高屈服强度和一定韧性的弹性元件、热作模具等
高温回火	>500	$S_{回}$	200～350HBW	要求具有综合力学性能的重要受力零件，如轴、齿轮、连杆、螺栓等

22. 答　感应淬火具有加热速度快、效率高，热处理后表面晶粒细、性能好，淬硬层深度易控制，生产过程易实现自动化等优点，但设备投资大，维修复杂，需要根据零件实际制作感应器，所以不适合单件生产，而主要用于成批、大量的生产。

23. 答　化学热处理可以通过改变材料表面的化学成分、组织，从而获得所需要的表面性能（表面高硬度或耐腐蚀）。常用的化学热处理工艺有渗碳、渗氮、碳氮共渗和氮碳共渗等。

24. 答　去应力退火和回火两者在生产工艺中所处的工序位置不一样，一般去应力退火安排在毛坯生产之后或零件机械加工之后，以去除由于各种冷热加工所产生的内应力，而材料的组织和性能不发生变化；回火是紧随淬火之后的热处理工艺，用于消除淬火内应力，获得所需的稳定回火组织和性能。

25. 答　表面淬火、渗碳、渗氮三种工艺的比较见下表：

方　法	加热温度/℃	适用材料	表面硬度	工艺成本
表面淬火	$Ac_3+100～200$	中碳钢与中碳合金钢；工具钢、铸铁	50～55HRC	大批量生产时成本低
渗碳	900～950	低碳钢和低碳合金钢	58～64HRC	成本较低
渗氮	500～560	渗氮钢	950～1 200HV（相当于65～72HRC）	成本高

26. 答　热处理的主要发展方向是清洁热处理、精密热处理、节能热处理和少无氧化的热处理等。

27. 答 常用的表面防护方法有电镀、化学镀及热浸蚀，化学转化膜技术（钢铁的发蓝、发黑和磷化，铝及铝合金的氧化处理），涂料涂装法。常用的表面装饰法有表面抛光、表面着色、光亮装饰镀、美术装饰漆。

28. 答 钢中的硫与磷一般是有害元素。硫含量过高，会使钢出现"热脆"现象，在高温下锻造或轧制时，因晶界处易熔化而出现锻轧热裂纹；磷含量过高，会使钢出现"冷脆"现象，在低温下的韧性急剧下降，易出现脆性断裂。

29. 答 由于这四种钢中碳的质量分数不同，因此其力学性能不同。在相同状态下，20钢的塑性最好，但强度较低；45钢具有良好的综合力学性能；T8钢的强度和硬度高，具有一定的韧性；T12钢的硬度高，耐磨性优良，但强度和韧性较差。

30. 答 Q235AF钢属于碳素结构钢，其屈服强度为235MPa，质量等级为A级，沸腾钢。

08钢属于优质碳素结构钢，碳的平均质量分数为0.08%。

45钢属于优质碳素结构钢，碳的平均质量分数为0.45%。

T10A钢属于碳素工具钢，碳的平均质量分数为1.0%，质量为高级优质。

31. 答 T10钢属于高碳钢（碳的平均质量分数为1.0%），其强度和硬度高，所以锯削时费力，锯条也易磨损；10钢属于低碳钢（碳的平均质量分数为0.1%），强度和硬度低，所以锯削时省力。

32. 答 不适用。因为碳素工具钢的热硬性不高，温度升高至300℃时，硬度即降至55HRC以下，而铣刀、麻花钻等高速切削的刀具使用时温度易升高（可升至500℃以上），若采用热硬性不高的碳素工具钢制作，则刀具会很快因发热软化而失效。

33. 答 重要的零件一般承受较大或者较复杂的应力，要求材料具有高的强韧性，而大截面的零件在淬火时，为保证零件能获得马氏体组织或小的淬火变形，要求材料具有良好的淬透性。合金钢与碳素钢相比，由于合金元素的作用，钢的强韧性和淬透性提高，因此这种零件应采用强度较高、淬透性良好的合金钢制作。

34. 答 渗碳零件一般要求表面具有高的硬度和耐磨性，而心部应具有良好的韧性以承受冲击力的作用。采用低碳成分的渗碳钢进行渗碳处理后，可使表面碳含量增加而心部保持低碳成分，从而满足零件"内韧外硬"的性能要求。

35. 答 调质钢主要用于制造在多种载荷（如扭转、弯曲、冲击等）下工作，受力比较复杂的重要零件，这些零件要求具有良好综合力学性能，所以应采用中碳成分的钢。

36. 答 合金刃具钢与碳素工具钢同属于高碳成分，所以两者硬度相当，但由于合金刃具钢中加入的合金元素可以使其淬火+回火后获更多种类和数量的碳化物，使刃具更耐磨，所以其使用寿命更长。

37. 答 量具在使用过程中经常与被测量工件接触而磨损，影响其测量精度，因此要求具有高的硬度和耐磨性。高精度的量具还要求热处理变形小，尺寸稳定。所以，量具钢一般采用高碳成分的钢材并采用淬火、低温回火工艺，高精度量具淬火后还应采用冷处理工艺。一般量具可采用碳素工具钢（如 T8、T12 等），高精度量具可采用滚动轴承钢（如 GCr15）和合金工具钢（如 CrWMn、9SiCr 等）制作。

38. 答 热作模具和冷作模具的使用温度和性能要求不同。

冷作模具是在较低温度下使用的模具，典型的有冷冲模、冷挤压模等。这些模具要求高的硬度（60～62HRC）、耐磨性和足够的强韧性。小型或一般用途的冷作模具可采用 T10、9SiCr 等钢制作，大型或重要用途的冷作模具可采用 Cr12 钢制作。

热作模具是在较高温度下使用的模具，典型的有热锻模、热挤压模和压铸模等。热作模具要求具有一定的强韧性和硬度（40～50HRC），并且有良好的导热性和抗热疲劳性。一般热锻模常采用 5CrNiMo 和 5CrMnMo 钢制作，热挤压模和压铸模常采用 3Cr2W8V 和 4Cr5W2VSi 钢制作。

39. 答 不适宜。高速工具钢属于高合金钢，其原材料成本和加工成本均较高。高速工具钢的特点是热硬性比一般工具钢高，若用于低速切削的刀具，将造成材料的浪费。对于低速切削的刀具，选用价格相对便宜的碳素工具钢或合金刃具钢制作较合适。

40. 答 20CrMnTi——合金渗碳钢；50CrVA——合金弹簧钢；GCr15——滚动轴承钢；W18Cr4V——高速工具钢；12Cr18Ni9——不锈钢；5CrNiMo——热作模具钢；38CrMoAl——渗氮钢；Cr12——冷作模具钢；ZG100Mn13——高锰耐磨钢；40Mn2——合金调质钢；Q345——低合金高强度结构钢；9SiCr——合金刃具钢。

41. 答 灰铸铁中有石墨存在，使其具有以下性能特点：力学性能不如钢（但抗压强度与钢相当），具有良好的铸造性能，良好的切削加工性能，良好的减振性和吸音性能，低的缺口敏感性。

42. 答 灰铸铁的组织为钢的基体＋片状石墨。灰铸铁力学性能不高的主要原因是组织中有片状石墨，石墨的力学性能几乎为零，片状石墨对基体的"割裂"作用很大，使基体性能的利用率只有30%左右。热处理只改变基体的组织，不能改变片状石墨的形状、数量和分布，故灰铸铁热处理后力学性能没有明显改善。

43. 答 HT300——抗拉强度不低于300MPa 的灰铸铁；QT600-3——抗拉强度不低于600MPa，断后伸长率不低于3%的球墨铸铁；KTH300-06——抗拉强度不低于 300MPa，断后伸长率不低于 6% 的黑心可锻铸铁（铁素体基体可锻铸铁）；RuT420——抗拉强度不低于 420MPa 的蠕墨铸铁。

44. 答 球墨铸铁中的石墨呈球状，与灰铸铁中的片状石墨相比，对基体的割裂作用明显减小，应力集中减轻，能充分发挥基体的性能，基体强度的利用率可达 70% ~ 90%，所以球墨铸铁的强度、塑性与韧性都大大优于灰铸铁。

45. 答 按其成分和工艺性能，可将铝合金分为变形铝合金和铸造铝合金两大类。变形铝合金的塑性好，适合于压力加工，因此，变形铝合金常经轧制、挤压、拉拔等变形加工成为型材供应市场。铸造铝合金的塑性、韧性差，但是流动性好，适宜于铸造形状复杂的零件。

46. 答 根据化学成分，铜合金分为黄铜、白铜、青铜三类。黄铜是指以铜为基，以锌为主加元素的铜合金；白铜是指以铜为基，以镍为主加元素的铜合金；青铜是指除黄铜和白铜以外的铜合金，主要有锡青铜、铝青铜、铍青铜等。

根据加工方法，铜合金又可分为压力加工铜合金和铸造铜合金。

47. 答 钛合金的突出优点是强度高、密度小、耐蚀性好（优于不锈钢），而且某些钛合金在高温和低温下的力学性能优于一般钢。

48. 答 滑动轴承合金应具有足够的抗压强度和抗疲劳性能，良好的减摩性（摩擦因数要小），良好的储备润滑油的功能，良好的磨合性，良好的导热性和耐蚀性，良好的工艺性能，使之制造容易，价格便宜。

常用的滑动轴承材料有锡基与铅基轴承合金、铜基合金、铝基合金、铸铁等。

49. 答 硬质合金硬度高，常温下硬度可达 86 ~ 93HRA（相当于69 ~ 81HRC）；热硬性好，可在 900 ~ 1 000℃ 不软化；抗压强度可达6 000MPa，常温下工作时，不会产生塑性变形。但硬质合金脆性大，韧性低，抗拉强度低，很难被切削加工。用硬质合金制作刀具，其切削速度比高速工具钢提高 5 ~ 7 倍，刀具寿命可提高几十倍。用硬质合金制作模具等，使用寿命比工具钢高 20 ~ 150 倍。

50. 答 H68——铜的质量分数为 68%，余量为锌的普通黄铜；2A11——11号硬铝合金；ZAlSi12——2 号铸造铝硅合金；ZCuZn16Si4——铸造硅黄铜；ZCuSn10P1——铸造锡青铜；QBe2——铍青铜；HSn62-1——锡黄铜。

51. 答 热塑性塑料能溶于有机溶剂，加热可软化，易于加工成形，并能通过加热反复塑化成形，如聚氯乙烯（PVC）、聚乙烯（PE）、聚酰胺（PA）、聚甲醛塑料（POM）、聚碳酸酯（PC）；热固性塑料固化后重新加热不再软化和熔融，也不溶于有机溶剂，不能再成形使用，如酚醛塑料（PF）、氨基塑料（UF）、有机硅塑料（SI）、环氧塑料（EP）。

52. 答 复合材料是由两种或两种以上性质不同的物质组成的多相材料。两种或多种材料复合后，仍保留各自的性能优点，从而使复合材料具有优良的综合性能。例如，玻璃钢船体、羽毛球拍、安全帽等均采用了复合材料。

53. 答 当温度下降至某一临界温度时，超导材料的电阻完全消失，并且当电阻消失时，磁力线将不能通过超导体，即超导体具有抗磁性。

目前超导材料研究的难题是突破"温度障碍"，即寻找临界温度（T_c）高的高温超导材料。

54. 答 纳米材料是指由纳米颗粒构成的固体材料，其中纳米颗粒的尺寸最多不超过100nm（$1\text{nm} = 10^{-9}\text{m}$）。

纳米材料具有特殊的物理性能和化学性能：纳米颗粒的熔点和晶化温度比常规粉末低得多，纳米金属微粒在低温下呈现电绝缘性，纳米微粒具有极强的吸光性，纳米材料具有奇异的磁性，纳米颗粒的化学活性远大于正常粉末，纳米材料的扩散率是普通状态下晶格扩散率的1 014～1 020倍。纳米材料的力学性能较特殊，一些纳米材料的强度和硬度成倍地提高。纳米材料还表现出超塑性状态，即断裂前产生很大的伸长量。

55. 答

零件名称	选用材料	零件名称	选用材料
机床主轴	45	手用锯条	T10
汽车变速器齿轮	20CrMnTi	柴油机曲轴	QT800-2
大型冷冲模	Cr12MoV	车床床身	HT150
医用手术刀	30Cr13	车辆减振弹簧	50CrVA
机用麻花钻	W18Cr4V	大型桥梁钢结构	Q420
建筑钢结构件	Q235AF	高精度量具	CrWMn
滚动轴承	GCr15	汽油机活塞	ZAlSi12Cu2Mg1
柴油机曲轴轴承	ZCuPb30	汽车灯罩	PS
饮料罐	3A21	精密磨床主轴	38CrMoAl

56. 答 热处理1为正火，其主要作用是细化晶粒，为最后热处理做组织准备，调整硬度，改善切削加工性能。

热处理2为调质处理，作用是使齿轮获得回火索氏体组织，硬度达到34～38HRC，保证整体的良好综合性能要求。

热处理3为高频感应淬火、低温回火，使表面获得细小回火马氏体，齿面硬度达到50～55HRC，保证硬度和耐磨性要求。

57. 答 热处理1为球化退火，其作用是获得球状珠光体，降低硬度，改善切削加工性能，为下一步切削加工做准备，也为最后热处理做组织准备。

热处理2为淬火、低温回火，其作用是获得回火马氏体和碳化物组织，使刀具具有高的硬度（>62HRC）和耐磨性，符合刀具使用性能的要求。

附　录

附录 A　常用结构钢的退火及正火工艺规范

钢　号	临界点/℃			退　火			正　火	
	Ac_1	Ac_3	Ar_1	加热温度/℃	冷却	HBW	加热温度/℃	HBW
35	724	802	680	850~880	炉冷	≤187	860~890	≤191
45	724	780	682	800~840	炉冷	≤197	840~870	≤226
45Mn2	715	770	640	810~840	炉冷	≤217	820~860	187~241
40Cr	743	782	693	830~850	炉冷	≤207	850~870	≤250
35CrMo	755	800	695	830~850	炉冷	≤229	850~870	≤241
40MnB	730	780	650	820~860	炉冷	≤207	850~900	197~207
40CrNi	731	769	660	820~850	炉冷<600℃	—	870~900	≤250
40CrNiMoA	732	774	—	840~880	炉冷	≤229	890~920	
65Mn	726	765	689	780~840	炉冷	≤229	820~860	≤269
60Si2Mn	755	810	700	—	—	—	830~860	≤245
50CrVA	752	788	688	—	—	—	850~880	≤288
20	735	855	680	—	—	—	890~920	≤156
20Cr	766	838	702	860~890	炉冷	≤179	870~900	≤270
20CrMnTi	740	825	650	—	—	—	950~970	156~207
20CrMnMo	710	830	620	850~870	炉冷	≤217	870~900	—
38CrMoAlA	800	940	730	840~870	炉冷	≤229	930~970	—

附录 B 常用工具钢的退火及正火工艺规范

钢 号	临界点/℃			退 火			正 火	
	Ac_1	Ac_3	Ar_1	加热温度/℃	冷却	HBW	加热温度/℃	HBW
T8A	730	—	700	740~760	650~680	≤187	760~780	241~302
T10A	730	800	700	750~770	680~700	≤197	800~850	255~321
T12A	730	820	700	750~770	680~700	≤207	850~870	269~341
9Mn2V	736	765	652	760~780	670~690	≤229	870~880	—
9SiCr	770	870	730	790~810	700~720	197~241	—	—
CrWMn	750	940	710	770~790	680~700	207~255	—	—
GCr15	745	900	700	790~810	710~720	207~229	900~950	270~390
Cr12MoV	810	—	760	850~870	720~750	207~255	—	—
W18Cr4V	820	—	760	850~880	730~750	207~255	—	—
W6Mo5Cr4V2	845~880	—	805~740	850~870	740~750	≤255		
5CrMnMo	710	760	650	850~870	≈680	197~241	—	—
5CrNiMo	710	770	680	850~870	≈680	197~241	—	—
3Cr2W8V	820	1100	790	850~860	720~740	—	—	—

附录 C　常用钢的回火温度与硬度对照表

牌号	淬火规范 加热温度/℃	淬火冷却介质	硬度 HRC	回火温度（℃）与回火后硬度 HRC 180±10	240±10	280±10	320±10	360±10	380±10	420±10	480±10	540±10	580±10	620±10	650±10	备注
35	860±10	水	>50	51±2	47±2	45±2	43±2	40±2	38±2	35±2	33±2	28±2	250±22 HBW	220±20 HBW	—	
45	830±10	水	>50	56±2	53±2	51±2	48±2	45±2	43±2	38±2	34±2	30±2	250±20 HBW	220±20 HBW	—	—
T8, T8A	790±10	水、油	>62	62±2	58±2	56±2	54±2	51±2	49±2	45±2	39±2	34±2	29±2	25±2	—	
T10, T10A	780±10	水、油	>62	63±2	59±2	57±2	55±2	52±2	50±2	46±2	41±2	36±2	30±2	26±2	—	
40Cr	850±10	油	>55	54±2	53±2	52±2	50±2	49±2	47±2	44±2	41±2	36±2	31±2	260HBW	—	具有回火脆性的钢，如40Cr、65Mn、30CrMnSi等，在中温或高温回火后，用清水或油冷却
50CrVA	850±10	油	>60	58±2	56±2	54±2	53±2	51±2	49±2	47±2	43±2	40±2	36±2	—	30±2	
60Si2Mn	870±10	油	>60	60±2	58±2	56±2	55±2	54±2	52±2	50±2	44±2	35±2	30±2	28±2	—	
65Mn	820±10	油	>60	58±2	56±2	54±2	52±2	50±2	47±2	44±2	40±2	34±2	32±2	28±2	—	
5CrMnMo	840±10	油	>52	55±2	53±2	52±2	48±2	45±2	44±2	44±2	43±2	38±2	36±2	34±2	32±2	
30CrMnSi	860±10	油	>48	48±2	48±2	47±2	—	43±2	42±2	—	—	36±2	—	30±2	26±2	
GCr15	850±10	油	>62	61±2	59±2	58±2	55±2	53±2	52±2	50±2	44±2	41±2	—	30±2	—	
9SiCr	850±10	油	>62	62±2	60±2	58±2	57±2	56±2	55±2	52±2	51±2	45±2	—	—	—	
CrWMn	830±10	油	>62	61±2	58±2	57±2	55±2	54±2	52±2	50±2	46±2	44±2	—	—	—	
9Mn2V	800±10	油	>62	60±2	58±2	56±2	54±2	51±2	49±2	41±2	—	—	—	—	—	

（续）

牌　号	淬火规范			回火温度（℃）与回火后硬度 HRC												备　注
	加热温度/℃	淬火冷却介质	淬火冷却质硬度 HRC	180±10	240±10	280±10	320±10	360±10	380±10	420±10	480±10	540±10	580±10	620±10	650±10	
3Cr2W8V	1100	分级、油	≈48	—	—	—	—	—	—	—	46±2	48±2	48±2	43±2	41±2	一般采用560~580℃回火2次
Cr12	980±10	分级、油	>62	62	59±2	—	57±2	—	—	55±2	—	52±2	—	—	45±2	
Cr12MoV	1030±10	分级、油	>62	62	62	60	—	57±2	—	—	—	53±2	—	—	45±2	一般采用560℃回火3次，每次1h
W18Cr4V	1270±10	分级、油	>64	—	—	—	—	—	—	—	—	—	—	—	—	

注：1. 淬火冷却介质用质量分数为10%的 NaCl 水溶液。

2. 淬火加热在盐溶炉内进行，回火在井式炉内进行。

3. 回火保温时间：碳素钢一般采用 60~90min，合金钢采用 90~120min。

附录 D 非合金钢、低合金钢和合金钢中合金元素 规定含量界限值（GB/T 13304.1—2008）

合金元素	合金元素规定含量界限值（质量分数,%）		
	非合金钢	低合金钢	合金钢
Al	<0.10	—	≥0.10
B	<0.0005	—	≥0.0005
Bi	<0.10	—	≥0.10
Cr	<0.30	0.30~0.50	≥0.50
Co	<0.10	—	≥0.10
Cu	<0.10	0.10~0.50	≥0.50
Mn	<1.00	1.00~1.40	≥1.40
Mo	<0.05	0.05~0.10	≥0.10
Ni	<0.30	0.30~0.50	≥0.50
Nb	<0.02	0.02~0.06	≥0.06
Pb	<0.40	—	≥0.40
Se	<0.10	—	≥0.10
Si	<0.50	0.50~0.90	≥0.90
Te	<0.10	—	≥0.10
Ti	<0.05	0.05~0.13	≥0.13
W	<0.10	—	≥0.10
V	<0.04	0.04~0.12	≥0.12
Zr	<0.05	0.05~0.12	≥0.12
La 系（每一种元素）	<0.02	0.02~0.05	≥0.05
其他规定元素（S、P、C、N 除外）	<0.05	—	≥0.05

注：1. La 系元素含量也可为混合稀土含量总量。

2. 表中"—"表示不规定，不作为划分依据。

3. 因为海关关税的目的而区分非合金钢、低合金钢和合金钢时，除非合同或订单中另有协议，表中 Bi、Pb、Se、Te、La 系和其他规定元素（S、P、C 和 N 除外）的规定界限值可不予考虑。

参 考 文 献

［1］王运炎，叶尚川．机械工程材料［M］．北京：机械工业出版社，2000．

［2］张继世．机械工程材料基础［M］．北京：高等教育出版社，2000．

［3］曾正明．机械工程材料手册：金属材料［M］．7 版．北京：机械工业出版社，2009．

［4］赵忠，丁仁亮．周而康．金属材料及热处理［M］．3 版．北京：机械工业出版社，1998．

［5］中国机械工程学会热处理学会．热处理手册：典型零件热处理［M］．4 版．北京：机械工业出版社，2013．

本书适用于下列职业工种：

初级：铸造工、焊工、冷作钣金工、涂装工、电镀工、起重工

国家职业资格培训教材

丛书介绍：深受读者喜爱的经典培训教材，依据最新国家职业标准，按初级、中级、高级、技师（含高级技师）分册编写，以技能培训为主线，理论与技能有机结合，书末有配套的试题库和答案。所有教材均免费提供 PPT 电子教案，部分教材配有 VCD 实景操作光盘（注：标注★的图书配有 VCD 实景操作光盘）。

读者对象：本套教材是各级职业技能鉴定培训机构、企业培训部门、再就业和农民工培训机构的理想教材，也可作为技工学校、职业高中、各种短训班的专业课教材。

- 机械识图
- 机械制图
- 金属材料及热处理知识
- 公差配合与测量
- 机械基础（初级、中级、高级）
- 液气压传动
- 数控技术与 AutoCAD 应用
- 机床夹具设计与制造
- 测量与机械零件测绘
- 管理与论文写作
- 钳工常识
- 电工常识
- 电工识图
- 电工基础
- 电子技术基础
- 建筑识图
- 建筑装饰材料
- 车工（初级★、中级、高级、技师和高级技师）
- 铣工（初级★、中级、高级、技师和高级技师）
- 磨工（初级、中级、高级、技师和

高级技师）
- 钳工（初级★、中级、高级、技师和高级技师）
- 机修钳工（初级、中级、高级、技师和高级技师）
- 锻造工（初级、中级、高级、技师和高级技师）
- 模具工（中级、高级、技师和高级技师）
- 数控车工（中级★、高级★、技师和高级技师）
- 数控铣工/加工中心操作工（中级★、高级★、技师和高级技师）
- 铸造工（初级、中级、高级、技师和高级技师）
- 冷作钣金工（初级、中级、高级、技师和高级技师）
- 焊工（初级★、中级★、高级★、技师和高级技师★）
- 热处理工（初级、中级、高级、技师和高级技师）
- 涂装工（初级、中级、高级、技师

和高级技师）

◆ 电镀工（初级、中级、高级、技师和高级技师）

◆ 锅炉操作工（初级、中级、高级、技师和高级技师）

◆ 数控机床维修工（中级、高级和技师）

◆ 汽车驾驶员（初级、中级、高级、技师）

◆ 汽车修理工（初级★、中级、高级、技师和高级技师）

◆ 摩托车维修工（初级、中级、高级）

◆ 制冷设备维修工（初级、中级、高级、技师和高级技师）

◆ 电气设备安装工（初级、中级、高级、技师和高级技师）

◆ 值班电工（初级、中级、高级、技师和高级技师）

◆ 维修电工（初级★、中级★、高级、技师和高级技师）

◆ 家用电器产品维修工（初级、中级、高级）

◆ 家用电子产品维修工（初级、中级、高级、技师和高级技师）

◆ 可编程序控制系统设计师（一级、二级、三级、四级）

◆ 无损检测员（基础知识、超声波探伤、射线探伤、磁粉探伤）

◆ 化学检验工（初级、中级、高级、技师和高级技师）

◆ 食品检验工（初级、中级、高级、技师和高级技师）

◆ 制图员（土建）

◆ 起重工（初级、中级、高级、技师）

◆ 测量放线工（初级、中级、高级、技师和高级技师）

◆ 架子工（初级、中级、高级）

◆ 混凝土工（初级、中级、高级）

◆ 钢筋工（初级、中级、高级、技师）

◆ 管工（初级、中级、高级、技师和高级技师）

◆ 木工（初级、中级、高级、技师）

◆ 砌筑工（初级、中级、高级、技师）

◆ 中央空调系统操作员（初级、中级、高级、技师）

◆ 物业管理员（物业管理基础、物业管理员、助理物业管理师、物业管理师）

◆ 物流师（助理物流师、物流师、高级物流师）

◆ 室内装饰设计员（室内装饰设计员、室内装饰设计师、高级室内装饰设计师）

◆ 电切削工（初级、中级、高级、技师和高级技师）

◆ 汽车装配工

◆ 电梯安装工

◆ 电梯维修工

变压器行业特有工种国家职业资格培训教程

丛书介绍： 由相关国家职业标准的制定者——机械工业职业技能鉴定指导中

心组织编写，是配套用于国家职业技能鉴定的指定教材，覆盖变压器行业5个特有工种，共10种。

读者对象：可作为相关企业培训部门、各级职业技能鉴定培训机构的鉴定培训教材，也可作为变压器行业从业人员学习、考证用书，还可作为技工学校、职业高中、各种短训班的教材。

◆ 变压器基础知识

◆ 绕组制造工（基础知识）

◆ 绕组制造工（初级 中级 高级技能）

◆ 绕组制造工（技师 高级技师技能）

◆ 干式变压器装配工（初级、中级、高级技能）

◆ 变压器装配工（初级、中级、高级、技师、高级技师技能）

◆ 变压器试验工（初级、中级、高级、技师、高级技师技能）

◆ 互感器装配工（初级、中级、高级、技师、高级技师技能）

◆ 绝缘制品件装配工（初级、中级、高级、技师、高级技师技能）

◆ 铁心叠装工（初级、中级、高级、技师、高级技师技能）

国家职业资格培训教材——理论鉴定培训系列

丛书介绍：以国家职业技能标准为依据，按机电行业主要职业（工种）的中级、高级理论鉴定考核要求编写，着眼于理论知识的培训。

读者对象：可作为各级职业技能鉴定培训机构、企业培训部门的培训教材，也可作为职业技术院校、技工院校、各种短训班的专业课教材，还可作为个人的学习用书。

◆ 车工（中级）鉴定培训教材

◆ 车工（高级）鉴定培训教材

◆ 铣工（中级）鉴定培训教材

◆ 铣工（高级）鉴定培训教材

◆ 磨工（中级）鉴定培训教材

◆ 磨工（高级）鉴定培训教材

◆ 钳工（中级）鉴定培训教材

◆ 钳工（高级）鉴定培训教材

◆ 机修钳工（中级）鉴定培训教材

◆ 机修钳工（高级）鉴定培训教材

◆ 焊工（中级）鉴定培训教材

◆ 焊工（高级）鉴定培训教材

◆ 热处理工（中级）鉴定培训教材

◆ 热处理工（高级）鉴定培训教材

◆ 铸造工（中级）鉴定培训教材

◆ 铸造工（高级）鉴定培训教材

◆ 电镀工（中级）鉴定培训教材

◆ 电镀工（高级）鉴定培训教材

◆ 维修电工（中级）鉴定培训教材

◆ 维修电工（高级）鉴定培训教材

◆ 汽车修理工（中级）鉴定培训教材

◆ 汽车修理工（高级）鉴定培训教材

◆ 涂装工（中级）鉴定培训教材

◆ 涂装工（高级）鉴定培训教材

◆ 制冷设备维修工（中级）鉴定培训教材

◆ 制冷设备维修工（高级）鉴定培训教材

国家职业资格培训教材——操作技能鉴定
试题集锦与考点详解系列

丛书介绍：用于国家职业技能鉴定操作技能考试前的强化训练。特色：

● 重点突出，具有针对性——依据技能考核鉴定点设计，目的明确。

● 内容全面，具有典型性——图样、评分表、准备清单，完整齐全。

● 解析详细，具有实用性——工艺分析、操作步骤和重点解析详细。

● 练考结合，具有实战性——单项训练题、综合训练题，步步提升。

读者对象：可作为各级职业技能鉴定培训机构、企业培训部门的考前培训教材，也可供职业技能鉴定部门在鉴定命题时参考，也可作为读者考前复习和自测使用的复习用书，还可作为职业技术院校、技工院校、各种短训班的专业课教材。

◆ 车工（中级）操作技能鉴定试题集锦与考点详解

◆ 车工（高级）操作技能鉴定试题集锦与考点详解

◆ 铣工（中级）操作技能鉴定实战详解

◆ 铣工（高级）操作技能鉴定试题集锦与考点详解

◆ 钳工（中级）操作技能鉴定试题集锦与考点详解

◆ 钳工（高级）操作技能鉴定实战详解

◆ 数控车工（中级）操作技能鉴定实战详解

◆ 数控车工（高级）操作技能鉴定试题集锦与考点详解

◆ 数控车工（技师、高级技师）操作技能鉴定试题集锦与考点详解

◆ 数控铣工/加工中心操作工（中级）操作技能鉴定实战详解

◆ 数控铣工/加工中心操作工（高级）操作技能鉴定试题集锦与考点详解

◆ 数控铣工/加工中心操作工（技师、高级技师）操作技能鉴定试题集锦与考点详解

◆ 焊工（中级）操作技能鉴定实战详解

◆ 焊工（高级）操作技能鉴定实战详解

◆ 焊工（技师、高级技师）操作技能鉴定实战详解

◆ 维修电工（中级）操作技能鉴定试题集锦与考点详解

◆ 维修电工（高级）操作技能鉴定试题集锦与考点详解

◆ 维修电工（技师、高级技师）操作技能鉴定实战详解

◆ 汽车修理工（中级）操作技能鉴定实战详解

◆ 汽车修理工（高级）操作技能鉴定

实战详解

技能鉴定考核试题库

丛书介绍：根据各职业（工种）鉴定考核要求分级编写，试题针对性、通用性、实用性强。

读者对象：可作为企业培训部门、各级职业技能鉴定机构、再就业培训机构培训考核用书，也可供技工学校、职业高中、各种短训班培训考核使用，还可作为个人读者学习自测用书。

◆ 机械识图与制图鉴定考核试题库（第2版）

◆ 机械基础技能鉴定考核试题库（第2版）

◆ 电工基础技能鉴定考核试题库

◆ 车工职业技能鉴定考核试题库（第2版）

◆ 铣工职业技能鉴定考核试题库（第2版）

◆ 磨工职业技能鉴定考核试题库

◆ 数控车工职业技能鉴定考核试题库

◆ 数控铣工/加工中心操作工职业技能鉴定考核试题库

◆ 模具工职业技能鉴定考核试题库

◆ 钳工职业技能鉴定考核试题库（第2版）

◆ 机修钳工职业技能鉴定考核试题库（第2版）

◆ 汽车修理工职业技能鉴定考核试题库

◆ 制冷设备维修工职业技能鉴定考核试题库

◆ 维修电工职业技能鉴定考核试题库（第2版）

◆ 铸造工职业技能鉴定考核试题库

◆ 焊工职业技能鉴定考核试题库

◆ 冷作钣金工职业技能鉴定考核试题库

◆ 热处理工职业技能鉴定考核试题库

◆ 涂装工职业技能鉴定考核试题库

机电类技师培训教材

丛书介绍：以国家职业标准中对各工种技师的要求为依据，以便于培训为前提，紧扣职业技能鉴定培训要求编写。加强了高难度生产加工，复杂设备的安装、调试和维修，技术质量难题的分析和解决，复杂工艺的编制，故障诊断与排除以及论文写作和答辩的内容。书中均配有培训目标、复习思考题、培训内容、试题库、答案、技能鉴定模拟试卷样例。

读者对象：可作为职业技能鉴定培训机构、企业培训部门、技师学院培训鉴定教材，也可供读者自学及考前复习和自测使用。

- ◆ 公共基础知识
- ◆ 电工与电子技术
- ◆ 机械制图与零件测绘
- ◆ 金属材料与加工工艺
- ◆ 机械基础与现代制造技术
- ◆ 技师论文写作、点评、答辩指导
- ◆ 车工技师鉴定培训教材
- ◆ 铣工技师鉴定培训教材
- ◆ 钳工技师鉴定培训教材
- ◆ 焊工技师鉴定培训教材
- ◆ 电工技师鉴定培训教材
- ◆ 铸造工技师鉴定培训教材
- ◆ 涂装工技师鉴定培训教材
- ◆ 模具工技师鉴定培训教材
- ◆ 机修钳工技师鉴定培训教材
- ◆ 热处理工技师鉴定培训教材
- ◆ 维修电工技师鉴定培训教材
- ◆ 数控车工技师鉴定培训教材
- ◆ 数控铣工技师鉴定培训教材
- ◆ 冷作钣金工技师鉴定培训教材
- ◆ 汽车修理工技师鉴定培训教材
- ◆ 制冷设备维修工技师鉴定培训教材

特种作业人员安全技术培训考核教材

丛书介绍：依据《特种作业人员安全技术培训大纲及考核标准》编写，内容包含法律法规、安全培训、案例分析、考核复习题及答案。

读者对象：可用作各级各类安全生产培训部门、企业培训部门、培训机构安全生产培训和考核的教材，也可作为各类企事业单位安全管理和相关技术人员的参考书。

- ◆ 起重机司索指挥作业
- ◆ 企业内机动车辆驾驶员
- ◆ 起重机司机
- ◆ 金属焊接与切割作业
- ◆ 电工作业
- ◆ 压力容器操作
- ◆ 锅炉司炉作业
- ◆ 电梯作业
- ◆ 制冷与空调作业
- ◆ 登高作业

读者信息反馈表

亲爱的读者：

　　您好！感谢您购买《金属材料及热处理知识　第2版》（姜敏凤　主编）一书。为了更好地为您服务，我们希望了解您的需求以及对我社教材的意见和建议，愿这小小的表格在我们之间架起一座沟通的桥梁。另外，如果您在培训中选用了本教材，我们将免费为您提供与本教材配套的电子课件。

姓　名		所在单位名称	
性　别		所从事工作（或专业）	
通信地址		邮编	
办公电话		移动电话	
E-mail		QQ	

1. 您选择图书时主要考虑的因素（在相应项后面画√）：

　　出版社（　　）　内容（　　）　价格（　　）　其他：＿＿＿＿＿＿＿＿＿＿

2. 您选择我们图书的途径（在相应项后面画√）：

　　书目（　　）　书店（　　）　网站（　　）　朋友推介（　　）　其他：＿＿＿＿＿＿

希望我们与您经常保持联系的方式：

□电子邮件信息　　□定期邮寄书目　　□通过编辑联络　　□定期电话咨询

您关注（或需要）哪些类图书和教材：

您对本书的意见和建议（欢迎您指出本书的疏漏之处）：

您近期的著书计划：

请联系我们——

地　　址　北京市西城区百万庄大街22号　机械工业出版社技能教育分社

邮　　编　100037

社长电话　（010）88379083　88379080

传　　真　（010）68329397

营销编辑　（010）88379534　88379535

免费电子课件索取方式：

网上下载　www.cmpedu.com

邮箱索取　jnfs@cmpbook.com